The Pragmatic Programmers

Agile Retrospectives 中文版

這樣打造敏捷回顧會議，讓團隊從優秀邁向卓越

Ken Schwaber 推薦

周龍鴻博士 主編

Esther Derby、Diana Larsen 著

敏捷回顧會議志工群 譯

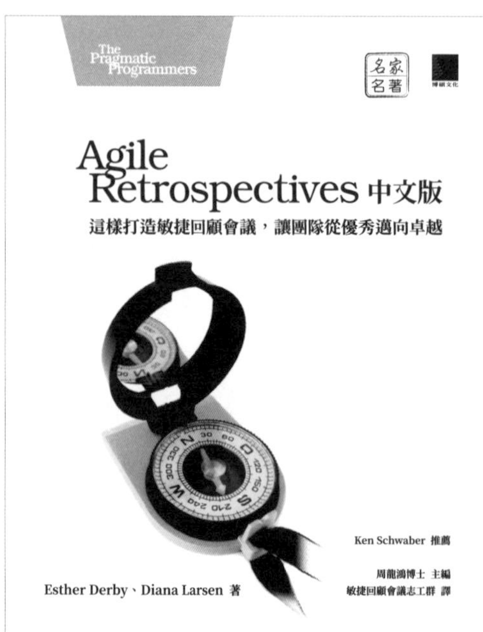

本書如有破損或裝訂錯誤，請寄回本公司更換

國家圖書館出版品預行編目資料

Agile Retrospectives中文版：這樣打造敏捷回顧會議,讓團隊從優秀邁向卓越 / Esther Derby, Diana Larsen著；敏捷回顧會議志工群譯. -- 新北市：博碩文化股份有限公司, 2022.08

面； 公分 --（博碩書號；MP12116）

譯自：Agile retrospectives : making good teams great.

ISBN 978-626-333-192-1(平裝)

1.CST: 企業管理 2.CST: 專案管理

494.01 111010882

Printed in Taiwan

博 碩 粉 絲 團

作　　者：Esther Derby、Diana Larsen
主　　編：周龍鴻博士
翻譯團隊：敏捷回顧會議志工群
責任編輯：Lucy

董 事 長：陳來勝
總 編 輯：陳錦輝

出　　版：博碩文化股份有限公司
地　　址：221 新北市汐止區新台五路一段 112 號 10 樓 A 棟
電話 (02) 2696-2869 傳真 (02) 2696-2867
郵撥帳號：17484299 戶名：博碩文化股份有限公司
博碩網站：http://www.drmaster.com.tw
讀者服務信箱：dr26962869@gmail.com
訂購服務專線：(02) 2696-2869 分機 238、519
（週一至週五 09:30 ～ 12:00；13:30 ～ 17:00）

版　　次：2022 年 8 月初版
建議零售價：新台幣 500 元
I S B N：978-626-333-192-1（平裝）
律師顧問：鳴權法律事務所 陳曉鳴 律師

譯者簡介

Product Owner：周龍鴻 博士

Area Product Owner：林汶因 **, CSP-PO, CSP-SM, PMI-ACP**

卓越志工幹部（依姓氏筆畫排序）

資訊長 林瑋鍾　PMP, CSM, CMA

組織級教練 張志維　CSM, CSPO, TKP

卓越志工 ScrumMaster（依姓氏筆畫排序）

呂思穎　PMP

林妍儀　PMP, CSM, CSPO

林士智　PMP, PMI-ACP, PMI-PBA

薛宜蓁　PMP, PMI-ACP, CSM

卓越志工（依姓氏筆畫排序）

Irene Asay、王芊千、李泳蓁、林沛綸、林家瑋、莊信慧、莊漢鵬、張團花、馮翠芬、黃綉媚、楊朝翔、羅佳雯

FQA（依姓氏筆畫排序）

王可帆　PMI-ACP, CSM, ISO 9001 主稽

宋之琦　PMP

沈雅倫　PMI-ACP

林沛綸　CSM, CSPO

林家瑋　AWS-SAP, MPP-AI, PMI-ACP

侯靜蘭　PCC MPharm

張天宇　PMP, FHEA, Ph.D. Candidate

馬維銘　PhD, PMI-ACP, CSM

黃亮舒　PMI-ACP, PMP, MBA

楊朝翔　PMP, PMI-PBA

廖文萁　PMP

劉奇泳　PMP, PMI-ACP, PMI-PBA

Developers（依姓氏筆畫排序）

Irene Asay	M.Ed., CSP-SM, PMP
王芊千	CBAP, PMI-PBA, PMP
王美淑	PMP
江　軍	PMI-ACP, CSM
巫佳蓉	PMP
李泳蓁	PMP, A-CSM, CSPO
李康宇	
吳岳霖	PMP, CSM, CSTQB
吳孟晟	PMP
林清雅	PMP, PMI-ACP, GCDF
洪家祥	PMP, PMI-ACP, CSM
胡栢睿	CSM
凃猗礪	PMP
涂秀如	PMP, ISO27001 LA, EMBA
莊信慧	PMP, PMI-PBA, PMI-ACP
莊漢鵬	PMP, PMI-ACP
陳弘真	PMP
張祐禎	PMP
張芳蘭	
張團花	CSM, 經營管理顧問師
馮翠芬	PMI-ACP, PMP
黃綉媚	PMP
黃冠融	CSP-PO, CSP-SM, PMI-ACP
黃議申	PMP, PMI-ACP, CSM
董淳禾	
謝宗誠	PMP, CSM
顏自敏	PMP, PMI-ACP, PMI-PBA
羅佳雯	PMI-ACP, PMP, CSM
蘇紳源	

主編簡介

周龍鴻 博士 **Dr. Roger Chou**

2014 年開始學習敏捷，並於取得 CSM 及 CSPO 之後，將敏捷手法應用於公司的資訊系統開發上，並建立了 PMI-ACP 證照培訓系統。擅長經營 LeSS 大型敏捷（100 人以上）虛擬團隊及非 IT 敏捷專案。2015 年成為首位獲得國際敏捷大獎，Agile Award 敏捷最佳推手獎殊榮的華人。並與敏捷先行者李國彪 Bill Li 老師合作推廣 Scrum 人才培育，為台灣培育過半數的 CSM，且將 Scrum 推廣到國內龍頭企業。此外，亦於 2020 年起，陸續帶領團隊完成以下敏捷經典著作的繁中版翻譯專案：

- Scrum 敏捷產品管理（2021 年 2 月出版），作者為 Roman Pichler。
- Mike Cohn 的使用者故事（2021 年 7 月出版），作者為 Mike Cohn。
- 教練敏捷團隊（2022 年 5 月出版），作者為 Lyssa Adkins。
- Agile Retrospectives 中文版（2022 年第三季出版），作者為 Esther Derby 及 Diana Larsen。

Roger 老師將培育專案管理人才列為此生志業，如同一直以來的自我期許：「有願就有力，願有多大，力就有多大。」Roger 老師在專案管理領域已投入第一個十年，往後的第二個十年我期望可以培育專案從業人員同時擁有敏捷思維，以提升台灣國際競爭力。

Roger iPad 自畫素描

周龍鴻博士推薦序

《Agile Retrospectives 中文版：這樣打造敏捷回顧會議，讓團隊從優秀邁向卓越》原書名為《Agile Retrospectives》。本書談到回顧會議的基本框架、回顧會議的各項工具與技能、回顧會議的進行流程與注意事項，以及成功案例分享。Retrospectives 就是指敏捷專案的回顧會議，透過回顧會議讓團隊進行反思與討論，目的在於調整後續產品開發流程的效能。流程效能可以分為「關、工、流、人」四個部分，「關」是人與人之間的關係、「工」是工具、「流」是流程，而「人」則是指人員。由此可見，在流程效能上並沒有針對產品本身著墨太多。而經常有很多人會產生誤解，認為所有需要改善的事項都應該在回顧會議中討論。然而，在敏捷中，流程效能改善是一個迭代的改善過程，與產品本身改善是不大相關的。因此回顧會議上聚焦的是流程效能的優化，而產品改善部分則是審查會議的聚焦重點。

在實務案例中，導入敏捷的公司會按照敏捷手法逐項進行會議流程，一旦時間拉長，就經常會發現回顧會議開始流於形式化、表面化，彷彿這個會議只是為做而做。這樣的形式化會議是極其浪費時間的，但若因此而棄用回顧會議，反而會造成更糟的後果。我們可以試想一下，一個敏捷的開發流程中倘若跳過回顧會議，其實等同於失去調整關係、改變工具、改善流程及優化人員關係的功能。即使能夠調整產品，但產品開發的重點在於「人」，從 Scrum 的三個當責角色，Product Owner、Scrum Master 和 Developers，到高階主管的心態調整都是至關重要的，如果心態無法得到調整及優化，那麼最終也很難做出讓客戶滿意的產品。

本書提到關於回顧會議必要的五個階段，分別是一、開場（set the stage），二、蒐集資料（gather data），三、產生洞見（generate insights），四、決定行動事項（decide what to do），以及五、結束回顧會議（close the retrospective）。這五個階段是由引導過程中的 ORID 焦點討論法所延伸出來的。本書詳細探討了上述五個階段的執行手法，可以為敏捷使用者帶來對回顧會議更新穎的認知。回顧會議並非一成不變，運用不同的手法，將可在每次的回顧會議中為團隊帶來不一樣的感受。

目前全世界總共有十本敏捷聖經，有五本已經被翻譯成繁中版，其中，我完成了四本敏捷聖經的翻譯。起心動念是因為期許自己能為台灣帶來更多貢獻，將敏捷更深地注入台灣，讓台灣企業創造更高的價值，於是再次協同 50 位優秀志工共同協作完成此 Agile Rertrospectives 翻譯專案。

敏捷手法已是目前商業時代的大勢所趨，而回顧會議更是不可或缺。無論是敏捷初學者、中階學習者或是專家級的敏捷實踐者，都值得靜下心來細讀這本 Retrospectives 聖經。對於初學者來說，可以試著將書中所提到的五個階段，相互搭配所建議使用的手法來實際執行回顧會議，看看成效有什麼差異；針對中階學習者，本書能夠告訴你為何而戰，並運用 ORID 來解釋這麼做的理由為何，同時，本書也提供了許多成功案例；所以如果你已經是專業級得敏捷實踐者，那麼本書便能讓你站在巨人肩膀上看世界，學習如何改善回顧會議的效能，甚至創造出屬於自己團隊的更好的回顧會議執行手法。

產官學界人士一致強力推薦

（依姓氏筆畫排序）

吳咨杏（Jorie Wu）	朝邦文教基金會執行長暨核心引導師 國際引導者協會（IAF）認證專業引導師暨評審（CPFIM）
林裕丞 黑手阿一（Yves Lin）	氣機科技共同創辦人
林祺斌（Benjamin Lin）	荷蘭商聯想台灣分公司 總經理
林昭陽（Ivan Lin）	中華電信資訊技術分公司 總經理 資拓宏宇國際 董事長
洪偉淦（Bob Hung）	趨勢科技 台灣暨香港區總經理
胡瑞柔（Flora Hu）	叡揚資訊 雲端及巨資事業群 總經理
許博惇（Bruce Hsu）	台灣理光 常務董事
陳麗琇（Elly Chen）	台灣最大敏捷線上讀書會 台灣敏捷部落（TAT）社長
陳政華（Morris Chen）	瑞嘉軟體科技 總經理
陳志惟（George Chen）	思愛普 SAP 全球副總裁 台灣總經理

曾士民（Eric Tseng）	國際引導者協會（IAF）認證專業引導師（CPF）
黃意鈞（Ivan Huang）	國際引導者協會（IAF）認證專業引導師（CPF） 系統思考與組織發展工作者
溫金豐（Jin Feng Uen）	國立陽明交通大學經營管理研究所 教授兼所長
葉素秋（Cellina Yeh）	台灣輝瑞大藥廠 總裁
蔡梅萍（Connie Tsai）	國際引導者協會（IAF）認證專業引導師（CPF）
黎振宜（Chyi Li）	中國百事可樂 董事長
蕭哲君（Kevin Hsiao）	采威國際 資訊股份有限公司 董事長兼任總經理

業界好評

Esther Derby 與 Diana Larsen 共同撰寫了這本關於敏捷回顧會議的權威書籍。你不必成為敏捷團隊就能運用這本書；只要你有心改善，就能從本書獲益。聽從他們的建議，你的團隊將會更加成功。

—— **Johanna Rothman**

作家、演說家，以及 Rothman Consulting Group, Inc 顧問

這兩位軟體產業的重要引導者，將他們多年的回顧會議經驗精煉成一本可供敏捷團隊領導者運用的參考書籍。對於所有自學但一知半解的引導者來說，本書將針對提升迭代、發布與專案回顧會議的成效，提供一個堅實的基礎。

—— **Dave Hoover**

Obtiva Corp. 敏捷實踐首席顧問

這本書對於維持回顧會議的新鮮感與促使團隊學習，提供了許多很棒的方法。

—— **Mike Cohn**

《Agile Estimating and Planning》作者

這本書是所有的團隊領導者、引導者，以及對於推動團隊反思、學習與運作方式改善有興趣的每個人的必讀書籍。

—— **Sheila O'Connor, Ph.D.**

六標準差軟體黑帶，LSI Logic, Engenio Storage Group

無論你怎麼稱呼它：回顧會議、事後剖析、產後分析或專案後審查。每隔一段時間就停下來問問自己：「哪些是我們該記住的好方法？哪些事情應該採取不同的做法？」你的工作就能做得更好。這幾乎就像是免費諮詢兩位最好的顧問：Esther Derby 與 Diana Larsen。我的工作是以引導回顧會議為主，相信我，我已經準備好要來讀完手上這本書，而且不只一次！

—— **Linda Rising**

《擁抱變革：從優秀走向卓越的 48 個組織轉型模式》共同作者

Ken Schwaber 推薦序

每當我過生日時，我都會回顧並反思我的人生。這些年過得如何？回想一下，我認為我 30 年前、10 年前、1 年前時會在哪裡？而現在我又在哪裡？我如何才能把事情做得更好？我又應該早些處理哪些事情才不會讓我感到後悔？我現在是我所期望成為的那種人嗎？而我對他人的影響是我所希望的嗎？如果不是，那接下來的幾年，我應該做些什麼不一樣的事情？我是否明智地運用了我所擁有的能力與智慧？

這就是我的回顧會議，回顧過去並評估自己、進行思考，將一切都納入考量，試圖為即將到來的一年設定一個更好的路線。我真的很高興沒有人為此計分，即使是我，因為我也不知道我的整體表現如何。我想這取決於不斷變化的哲理，以及比我預期還要多變的環境。誰能預料自己的子女將來會如何？

不過，若是我有更明確的目標與更頻繁的生日，回顧會議也許能進行得更好一些。我敢打賭，如果在我更頻繁的生日中有 Esther 與 Diana 在場，事情將會變得更好。運用本書介紹的技術，可以讓外部引導者提供全新的見解，並協助制定更具體的後續步驟。

我已經運用迭代、增量（又稱敏捷）流程進行工作有 11 年了；我通常採用 Scrum。在 Scrum 中，目標非常明確，它們是為專案而建立的，然後在每個迭代中重置。由於這些迭代是每 30 天一個週期，因此不會出現太多的意外。由於其應用領域是打造軟體，而不是一般的生活，因此也更容易判斷過程是否朝著正確的方向進行，還是需要調整。Scrum 是一種團隊活動，因此團隊反思變得格外有用。大家需要一起參與，這樣才能帶來不同面向的驚喜。

愛德華・尤登（Edward Yourdon）在《Death March》（Prentice Hall，1997）一書中描述了專案漫長且可怕的過程。這些專案有一個共通的問題，就是沒有生日，也沒有定期反思與重新調整的時刻。

在敏捷專案中，軟體迭代交付的自然節奏提供了一個個有如同生日的休息點。這些休息點讓團隊有機會改善與感受正在進行中的工作。這是多麼好的機會啊。請閱讀 Esther 與 Diana 的這本著作，並看看它的運作方式。

Ken Schwaber

Scrum 作者與推廣者

Scrum 聯盟（Scrum Alliance）

作者序

當我們提到**回顧會議**（retrospectives）時，我們想到的是：在團隊完成增量工作後會聚集在一起，召開一個特別的會議，以檢驗與調適他們的做事方法與團隊合作方式。回顧會議能讓整個團隊一起學習，就像改變的催化劑，促使團隊產生行動。回顧會議不僅僅是一份專案稽核的檢核單或是草率的專案收尾活動。而且，與傳統的事後分析（postmortem）或專案審查（project review）相比，回顧會議不僅關注開發流程，也同時關注團隊與團隊所發生的問題。團隊問題與技術問題一樣具有挑戰性——也許前者可能更具有挑戰性。

在這 20 年當中，我們一直帶領著回顧會議，並教導其他人帶領回顧會議。事實上，在 2003 年奧地利巴登舉行的年度**回顧會議引導者大會**（Retrospective Facilitators Gathering）上，我們被冠上了**回顧會議女神**的稱號。能讀到一本由兩位女神所寫的著作可不是常有的事！當然我們也不敢自稱為女神，但我們確實知道許多關於如何協助團隊在回顧會議中共同學習的方法。

我們曾經與那些聲稱回顧會議是浪費時間的人討論過。當我們探究細節時，就發現他們所描述的流程並不是我們所說的回顧會議。但是，當他們遵循類似於我們在本書中所描述的流程時，我們看到了豐厚的成果。

我們的客戶與同事告訴我們，他們也看到了回顧會議的效益。以下是我們所看過與聽過的一些內容。在每個案例中，團隊都在回顧會議中辨識出需要改進的項目，並在下一個迭代運用了新的做法。

提升生產力　加利福尼亞州的一個團隊在下一個發布的尾聲時，藉由改善單元測試而減少了重工。他們增加了更多的測試，並且更頻繁地進行測試。由於他們可以更早發現錯誤，因此這讓他們不會在發布結束時感到慌亂。

提升能力　佛羅里達州的一個團隊在他們的回顧會議中，為一個長期存在的問題設計了解決方案。團隊中只有一個人知道如何將客戶資料與公司的資料庫進行整合。該團隊建立了一個結對計畫，讓其他團隊成員也能夠了解資料庫，並消除了此瓶頸。

改善品質　明尼蘇達州的一個團隊觀察到，在迭代期間缺乏與客戶的聯繫和遺漏的需求之間存在明顯的關聯性。他們藉由在後續的迭代中增加客戶的參與度，以減少對於功能特性（feature）的誤解與重工。因為增加了與客戶協同合作的機會，團隊花在重新整理的時間減少了，故可花較多的時間在防止缺陷與重構上。

提升產能　紐約的一個團隊檢視他們是如何排列功能特性的優先等級，並藉由專注於交付那些較小但高價值的功能特性組合，進而從每年發布一次提升到每季發布一次。

除了最基本的效益之外，回顧會議還可以為團隊賦權與提升愉悅感。

倫敦的某個團隊在進行了一年的迭代回顧會議之後回報，回顧會議讓他們的生活變得更好。另一個團隊回報，他們曾在遇到特別棘手的問題時邀請了一名社會工作者加入。這位社會工作者在觀察團隊之後指出，與他所認識的大多數專業社會工作者相比，此團隊具有更好的衝突駕馭技能（XP—Call in the Social Workers [Mac03]）。此團隊知道如何在分歧升級到衝突或怨恨之前，先進行令人不舒服但必要的對談，以解決分歧。

我們無法預測你將獲得什麼樣的成果，但證據顯示，回顧會議可以改善團隊合作、做事方法、工作滿意度及工作成果。

我們想感謝審稿人員所提供的寶貴協助。沒有他們：Tim Bacon、Raj Balasubramanian、Nicole Belilos、Johannes Brodwall、Brandon Campbell、Mike Cohn、Rachel Davies、Dale Emery、Marc Evers、Pat Eyler、Caton Gates、David Greenfield、Daniel Grenner、Elisabeth Hendrickson、Darcy Hitchcock、Dave Hoover、Stephen Jenkins、Bil Kleb、Willem Larsen、Anthony Lauder、Sunil Menda、Sheila O'Connor、David Pickett、Wes Reisz、Linda Rising、Johanna Rothman、Matt Secoske、Guerry Semones、Dave W. Smith、Michael Stok，以及 Bas Vodde，這本書無法如此出色。

如果我們不感謝 Norm Kerth，那就太失禮了。Norm 是回顧會議的資深提倡者，他致力於讓回顧會議成為一種慣例。我們兩人都認識 Norm 多年，事實上，是他介紹我們兩個人認識的。在我們各自獨立進行的工作中，我們找到了與 Norm 的共同點，基於這個共同點，我們於 2001 年開始了**回顧會議引導者大會**。

我們想感謝**回顧會議引導者大會**的成員。我們每年都會遇到那些在回顧會議表現非常出色的人們。第一次的聚會在奧勒岡州，有 4 個國家（奧地利、丹麥、荷蘭與美國）的人員出席。2006 年的聚會在德國舉行，匯集了來自 11 個國家的人們。與會者都非常慷慨地分享他們的見解、經驗與活動。

最後，我們要感謝 Pragmatic Bookshelf 的 Andy Hunt、Dave Thomas 與 Steve Peter。沒有你們，我們不可能完成這本書。

前言

假設你是軟體開發團隊的成員，你做得還不錯，但並不傑出。你開始在團隊中發現有些人際關係不合的跡象，而那些你希望能留在團隊中的人，正更新著他們的履歷表。你知道在事情變得更糟之前，需要先調整一些做法，以緩和人際關係的緊張氣氛，因此你打算向團隊引進回顧會議。

也許你是一位團隊領導者，而且你曾聽過回顧會議，但從未嘗試過。你聽說回顧會議可以協助團隊表現得更好，但是你不確定要從哪裡開始。

也許你已經舉辦了幾個月的回顧會議，但是你的團隊並沒有提出任何新的想法。為了不讓團隊失去他們已經取得的成果，你需要一種能為回顧會議注入新活力的方法。

無論你是基於什麼理由拿起這本書，我們都假設你認為回顧會議可以協助你的團隊。無論你是教練、團隊成員還是專案經理；也無論你是否已經開始在每個迭代尾聲時都帶領回顧會議，或者這是你第一次舉行回顧會議，你都可以在本書中找到適合你所屬情境的想法與技術。

這本書的主要內容是針對短週期的回顧會議，也就是那些在一週或一個月工作之後進行的回顧會議。無論你採用的是敏捷方法，還是較為傳統的增量或迭代式開發，你的團隊都有機會在每個增量開發之後進行反思，並找出有哪些改變與改善方案可以提升產品的品質與團隊成員的日常工作。

回顧會議非常適用於敏捷工作環境—— Scrum 與水晶方法（Crystal）明確地將檢驗與改善產品的機制，包含在工作方法與團隊合作模式的「檢驗與調適」週期中。持續進行程式碼建置、自動化單元測試、以及頻繁地展示可用的程式碼等方式，都是為了讓團隊將注意力專注於產品並進行調整。但回顧會議則是將注意力專注於團隊如何進行他們的工作與相互交流。

回顧會議也非常適用於這類團隊環境——團隊成員低於 10 人且工作內容相互影響時。回顧會議可以定期協助團隊改善工作方法、處理問題以及發現障礙。

迭代回顧會議重視的是實際影響團隊的問題。在回顧會議過程中，團隊無須等待管理階層的准許，就可以自己找出確切可行的解決方案。由於這些實驗與改變方式是由團隊自己選擇的，而不是由上層強加而來的，所以團隊會為了他們的成功而投入更多心力。

10 年前，當我們開始帶領回顧會議時，大部分的回顧會議都著重於已經進行了一年或更久的完整專案上。但過去的這 10 年發生了一些轉變，越來越多的團隊進行較短的迭代開發，並且更頻繁地發布軟體。這些團隊不需要等待漫長的專案結束後才進行檢驗與調適，他們可以在每個迭代結束時就尋找改善方法。現今，團隊教練、團隊領導者以及團隊成員都會自行帶領回顧會議了。

即使你的團隊沒有採用敏捷方法，你一樣可以採用本書的建議，在專案結束前檢驗與調適你的流程與團隊合作模式：在每個月或在專案的各項里程碑時舉行回顧會議。

你可能需要說服你的主管，讓他們知道回顧會議可以節省你的時間與公司資金。越來越多的財務與經驗資料顯示，持續進行回顧會議可以為公司節省經費，並獲得改善。

在本書中，我們將介紹回顧會議的框架，並會逐項帶著大家了解規劃、設計及帶領回顧會議的流程。我們也將提供如何使用回顧會議的活動與指導方針，而且還會分享真實的回顧會議故事。

本書中還有一章專門介紹回顧會議帶領者的角色。我們相信，藉由良好的框架與正確的工具，大多數的人都可充滿自信且有能力帶領回顧會議，並可協助團隊取得成果。

此外，我們還提供了一些範例，說明如何針對為期三個月的發布或為期一年的專案（以及任何介於兩者長度之間的專案）調整其基本回顧會議的框架。即使團隊在發布或專案結束後解散了，企業組織也可以從回顧會議中獲得學習，而團隊成員也可以學以致用。

目錄

01 協助團隊檢驗與調適

02 為團隊量身制定回顧會議

03 帶領回顧會議

04 開場活動

05 蒐集資料活動

06 產生洞見活動

10 就這樣做吧

Chapter ▶ 1

協助團隊檢驗與調適

1.1 開場

1.2 蒐集資料

1.3 產生洞見

1.4 決定行動事項

1.5 結束回顧會議

回顧會議能協助團隊持續改善，即便是卓越的團隊亦是如此。在本章中，我們將從一個長達一小時的迭代回顧會議範例開始。首先，我們會先觀察回顧會議帶領者的工作，然後再分析此範例，這樣你就能將此流程運用在自己的回顧會議上。

讓我們先觀看以下這一個撰寫財務軟體的團隊，他們在一個為期兩週的迭代結束時舉行回顧會議。這個團隊會輪流帶領回顧會議，本週正好輪到 Dana 帶領。

在所有的團隊成員圍坐成一個半圓形，並面向貼著幾張海報的大型白板之後，Dana 開始進行回顧會議。

「我們又再度坐在這裡檢查上個迭代的工作成果了。我們有 1 小時可專注在團隊合作與工作方法上。現在是下午 4 點，我們應該在 5 點前完成會議。這一次，由於我們已經注意到缺陷數量有增加的趨勢，所以我們將專注在開發流程的討論上。」

「查看資料之前，我們先快速進行報到（check-in）：請大家用一兩個詞描述一下，當我們開始這次的回顧會議時，你有什麼想法？」

團隊中的六位成員分別做了簡短的回應。第一位說：「我很困惑。」

「好奇。」第二位說。

「我對這些缺陷感到沮喪。」第三位成員回答。

「嘿，這已超過一兩個詞了！」第一位發言的成員說道，同時戳了一下那位囉嗦成員的手臂。

「好吧，沮喪。」他重新修正。

最後兩位成員也給出了他們的回應，然後 Dana 繼續進行會議。

「對於這次的會議，我們有需要針對平時慣用的工作協議進行微調或補充嗎？」Dana 指著牆上張貼的工作協議問道。當大家都同意這些工作協議的內容已經足夠之後，Dana 開始說明會議流程。

「首先，我們會先檢視所蒐集的資料，然後進行腦力激盪，並匯總出可能的原因。接著我們將發想出一些能在下一個迭代中解決這些問題的想法，然後從中挑選出一項，並設計其實驗方案。大家覺得好嗎？」

當所有人都表示同意之後，Dana 接著進行下個步驟。

Dana 說：「讓我們先來看看缺陷資料。」她指著一張大圖表，上面顯示他們開發過的每個功能，以及當他們自行測試時所發現的缺陷數量。「這裡發生了什麼事？」她問道。「讓我來了解一下，我們在開發這些功能時發生了什麼事。」她發給大家一些彩色的小張便利貼。「讓我們來看看這個迭代發生了什麼事——請貼上你記得的事件，然後在覺得挫敗的地方貼上橘色便利貼。」

「嗯……」一位成員將最後一張橘色便利貼黏在牆上時沉思著：「令我驚訝的是，挫敗感並沒有與缺陷聚集在一起，我想知道那是什麼原因。」

Dana 發給大家一些較大張的便利貼與麥克筆。並說：「讓我們來試試看能否回答這個問題。請大家花 5 分鐘寫下所知道的一切，然後看看我們能否找出什麼模式。」

有位團隊成員拼命地寫了起來。另一位則盯著圖表看了一會兒，然後才開始快速寫下一些內容。另外兩位在開始寫的時候，先小聲交談並比對他們的想法。

5 分鐘之後，各個團隊成員走到白板前，並貼上他們的便利貼。

「有哪些便利貼看起來可能是出自相似的原因？」Dana 問道。團隊成員四處移動便利貼，把兩三張貼在一起，然後當他們討論每張便利貼上所寫的內容時，又把它們分開了。

10 分鐘之後，團隊將它們分成四個不同的群組，並標註出：不一致的結對程式設計、太匆忙而無法進行測試驅動開發、程式碼臭味，以及遺留程式碼。

Dana 詢問：「你們在這裡看到什麼？」，並開始討論這些影響因素。

「這些原因中的哪一個造成了大部分的缺陷呢？」Dana 問道。

團隊成員的答案是一致的：遺留程式碼。「為了降低缺陷率，讓我們花點時間腦力激盪出一些能在下一個迭代進行的實驗方案。」

團隊很快地找出五種不同的方法。

Dana 指示：「來進行圓點投票吧！每個人有兩點，你們可以依照自己的想法投票。」

兩分鐘後，他們選出了最佳選項。

Dana 接著提示：「現在讓我們設計這個實驗吧。」

團隊花了 15 分鐘確認這個實驗所需要的行動步驟：

- 安排與支援小組的 Sally 進行一場逐項審閱（她已經使用此程式碼好幾年了）。
- 為我們正在使用的遺留程式碼撰寫單元測試。

- 邀請 Sally 每週花一到兩個早上與我們進行結對程式設計。

Dana 看了一下手錶，發現大家還剩 5 分鐘。「那結對呢？大家都同意每天花四個小時進行結對嗎？」

「沒錯，Dana。」一位團員回應。「我們需要加強這方面，我會做一個結對程式設計儀表板，以便提醒我們自己。」

「好，差不多該結束了。那我們將如何知道遺留程式碼實驗是否成功了呢？」Dana 問道。

一位團隊成員表示：「我們將在程式庫（code base）這區塊看到較少的缺陷。」而其他成員也同意。「沒錯，這才是真正的考驗。」

「我們會在下個回顧會議檢查這一點。」Dana 說道：「下次輪到誰主持會議？」有個人舉起了手。「你會提供新的資料，對吧？」

「感謝大家的付出。」Dana 說道。「我們會將這些行動步驟納入明天早上 9 點的規劃會議。」

讓我們檢視一下 Dana 在這場回顧會議中所做的事情。

Dana 讓團隊了解回顧會議的目的、焦點及所需時間，並且告訴團隊將如何運用這段時間。她使用簡單的報到活動讓每個人都開口發言，並讓團隊再次檢視他們先前所建立的工作協議。

Dana 檢視了團隊的缺陷資料，然後詢問這些事件與他們感到挫敗的地方。她這麼做是為了讓每個人都能思考相同的資料，而不僅僅是他們各自所認知的資料。她要求團隊檢查事實（缺陷資料）以及內心的感受（感到挫敗的地方）。

Dana 帶領小組解讀這些資料，並辨別其中的模式。

Dana 協助小組辨識出各種不同的方法、再從中挑選出一個，並且規劃如何實現與回顧會議重點有關的目標。

Dana 果斷地結束會議。她向團隊確認他們將如何評估進度，並感謝他們的參與。

Dana 依循了以下這個特定框架：

1. 開場（set the stage）。
2. 蒐集資料（gather data）。
3. 產生洞見（generate insights）。
4. 決定行動事項（decide what to do）。
5. 結束回顧會議（close the retrospective）。

在每年的回顧會議引導者聚會（Retrospective Facilitators Gathering）上，我們都會學習帶領回顧會議的新方式，以及既有方式的新手法。然後我們還是會回到此框架上，因為這對我們有用——也對你有用。此框架可在 1 小時內完成，也能擴展到 3 天。你可以透過增加新的活動來增添多樣性，但請堅守這個基本議程——此框架能滿足回顧會議所需要的各個事項。

在本章中，我們將介紹此框架的各個階段。

1.1 開場（set the stage）

開場可以協助人們專注於手上的工作。此步驟用於向團隊重述此回顧會議當下的共同目標，而且能營造出一個讓人們感到能自在討論問題的氛圍。

會議一開始，請先針對大家能撥出時間與會做個簡短的歡迎與感謝之意。然後重述回顧會議的目的與此會議的目標，同時提醒大家會議長度。

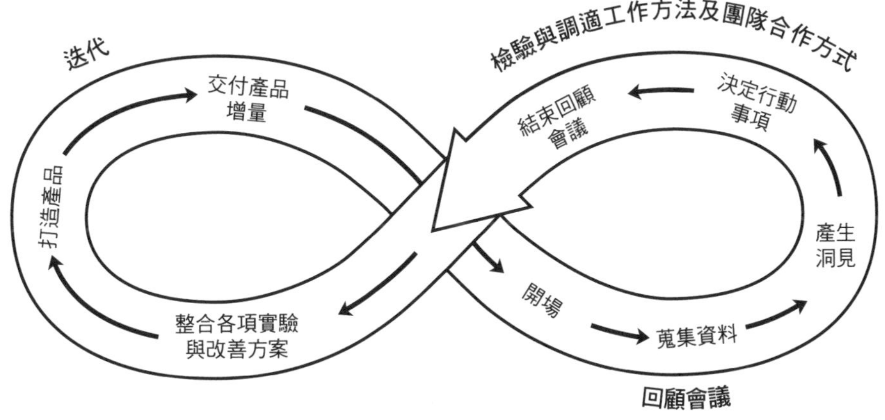

▲ 圖 1　迭代生命週期之回顧會議的各項步驟

然後邀請會議室中的每個人發言。若是有人在回顧會議初期時不發言，此人就如同被默許在後續的議程中都可以保持沉默。既然回顧會議主要是協助團隊一起思考與學習，那就需要每個人的參與。這些時間並不是要用來發表長篇大論，或是簡短心得（計算一下，若是有一個十人團隊，每個人發言 3 分鐘，那你將需要花上 30 分鐘進行介紹。即使是一個五人團隊，時間累計起來也不少）。所以，請大家以一兩個詞彙描述對於回顧會議的期望即可。

接著，簡單介紹此會議的進行方式。時間寶貴，大家想知道他們的時間能否被妥善運用。熟悉會議的進行方式，可以讓大家了解這不會是一場漫無目的的會議。

當你設定了時間盒、目標與進行方式之後，試著營造一個可以讓人們提出棘手議題與具挑戰性對話的環境。團隊的價值觀與工作協議都是一種用來描述可接受的行為與互動方式的社交契約。我們說的可不是那種抽象、浮誇的聲明，例如：「我們平等地對待每個人」(即使你做得到)。我們說的是工作協議，它能真正協助人們討論棘手的問題、提出情緒性的議題或傳達不受歡迎的消息。

如果你的團隊已經有某種價值觀，就使用它們。並提醒團隊，這些價值觀也可使用於回顧會議，只是團隊可能需要調整某些價值觀以適用於回顧會議。

所有的聲音

在一場回顧會議結束時，Brenda 突然開口：「我很驚訝我說了這麼多話。」

其他人點頭表示認同：「是啊，Brenda 通常不太發言。我真的很高興她這次說了這麼多，提出了很多意見。」

「你們是如何說服我發言的？」Brenda 問道。

答案很簡單：回顧會議帶領者要求她在會議的前五分鐘說出自己的名字。

這聽起來簡單到不可思議，但確實有效。

某個極限程式設計（XP）團隊將品質、單純、團隊合作，以及勇氣作為他們的價值觀。一位成員詢問如何將單純這項價值觀應用在回顧會議上。他們的教練建議，單純可以是指找到最簡單且可能有效的改善行動；而其他人則提供了一些如何在回顧會議上展現品質、團隊合作與勇氣的想法。

同樣地，如果你的團隊已經有工作協議，那麼請將協議張貼出來並檢視它。如有需要，請調整工作協議，以便適用於回顧會議。

某個遊戲開發團隊的第一項工作協議是「每次結對程式設計的目的是為了確保其程式碼能為下一次的結對做好準備」。以回顧會議來說，團隊將這條協議重新詮釋為「每個小組的工作，是為了確保團隊能為整個回顧會議做好準備」。

如果你的團隊沒有工作協議，那麼請現在就制定——然後再繼續往下進行。你不可能事先預料到所有可能發生的情況；大多數的團隊可以藉由五個工作協議來處理大部分的情況，如果你需要 10 根手指頭才能數清你的工作協議，那就表示太多了。

以下範例說明了為什麼你在回顧會議一開始時就需要工作協議：當團隊提出一個敏感話題時，Fran 的手機響起了，這時候若說「不要接那通電話！」，會令人感到尷尬。當人們違反規則後才知道規則是什麼時，會讓人感到反覆無常。如果你的團隊有一份工作協議是「會議期間手機需設為靜音」，那麼就可透過指出這條協議來中斷此干擾，這樣就比較不會有打斷他人的感覺，而且這對其他的回顧會議參與者來說也更加公平。你最不想要的，就是當你帶領回顧會議時，看起來像個既小心眼又專制的人。

你還獲得另一個好處：工作協議可讓每個人對於文明行為與協同合作負起責任，這不只是回顧會議帶領者的責任（Helping Your Team Weather the Storm [Der05]）。

當你的團隊第一次在回顧會議制定工作協議時，他們可能會花上 10 至 15 分鐘——但這些協議可在未來的回顧會議及日常工作中被重複使用。

工作協議是屬於團隊的

要求你的團隊在回顧會議期間，監視工作協議的執行情況。當你的團隊為他們自己的互動負起責任時，你就能專心引導。

當團隊制定或調整他們的工作協議時，請多加留意。工作協議往往可反映出人們所擔心的事情。

這裡舉一個故事：Chris 是一位從團隊外部請來的技術主管，他曾協助一個開發化學分析軟體的團隊建立工作協議，該團隊將「人人皆須參與」定為工作協議。

當他們開始第一個活動時，Chris 意識到此團隊一直對他們的「明星」成員 Dave 感到很苦惱。第一次團隊討論時，Dave 不停地發表他的觀點，當其他團隊成員試圖加入討論時，Dave 會揮手打斷他們，並繼續發言。Chris 記錄下 Dave 的意見後說：「Dave，謝謝你，現在讓我們聽聽其他人的意見。」Chris 藉此擁護團隊制定的工作協議。在那之後，團隊成員能更堅定自信地面對 Dave。Dave 還是有很多話想說，但他不再主導整個討論了。

透過檢視工作協議來歡迎大家的參與也許只要花五分鐘。但缺乏經驗的回顧會議帶領者喜歡跳過這個開場，直接進入回顧會議的「正題」。我們從不後悔花時間進行開場——你也不應該為此後悔。想要跳過這部分來「節省」時間，以後只會花費更多時間。如果人們一開始沒有發言，他們可能全程都不會提供任何想法——也可能不會認同團隊的看法與決策。當他們不清楚會議的進行方式時，就很難保持專注，甚至會讓團隊偏離正題。團隊價值觀與工作協議有助於保持對話及有效互動。

所以，不要跳過開場，也不要草率開場。

1.2 蒐集資料（gather data）

為一個僅為期一兩週的迭代蒐集資料似乎很愚蠢，但如果有人在為期一週的迭代中錯過了一天，那他們就錯過了 20% 的事件與互動。即使大家都有出席，也無法了解每一個事件，而且不同的人對於同一個事件的看法也會不同。蒐集資料能為所發生的事情建立共同的畫面。若是沒有共同的畫面，每個人都會傾向於證實自己的觀點與想法。蒐集資料可以拓展每個人的視角。

從事件、指標、功能特性或完成的故事等硬資料開始蒐集。事件可以包括會議、決策點、團隊組成的變化、里程碑、慶祝活動，以及新技術的運用等——任何對團隊中的某成員有意義的事件。指標包括燃盡圖、速度、缺陷次數、完成故事的數量、程式碼重構的數量，以及工作量資料等。請鼓勵大家參考團隊行事曆及其他工件（artifact）——文件、電子郵件、圖表——並將它們加入共同的畫面中。

對於一小時的回顧會議而言，你可以要求大家口頭報告資料與事件，或使用團隊任務板及大型視覺化圖表。當你的團隊回顧超過一兩週前的事情時，請利用時間軸或資料圖表，建立視覺化的記錄。資料與事件的視覺化描述能讓人們更容易了解其中的模式，並為它們建立連結。

客觀事實只是資料的一部分，與感受有關的資料至少佔據故事的一半。感受能告訴我們，對於人們而言，在事實與團隊中，什麼才是重要的。

接下來的這個故事，是關於某個團隊透過觀察其感受，以協助他們自己了解不把憂慮說出來的後果：Pat 的團隊藉由張貼卡片建立了一條時間軸，呈現他們在 30 天的迭代期間所發生的事情。他們將綠點貼在最佳狀態的事件上，並將藍點貼在最糟的時刻上。當所有的圓點都貼完之後，其中有一張卡片特別突出，如第 13 頁的圖 2：Carly 的卡片所示。這張卡片有 9 個綠點與 1 個藍點。

Carly 承認那張卡片及藍點都是她貼上去的。「我覺得我像是綁架了這個規劃會議，我不相信所有人都認為那件事是好的。」

「Carly，我們知道你那時很生氣，但在你開口說出來之前，我們都無法解決這個問題。」

有幾位團隊成員透露，他們也和 Carly 一樣有相似的顧慮。但是因為都沒有人提出此事，也就沒有人能解決此問題。Carly 的「爆發」成了解決這個一直持續存在的問題之關鍵。

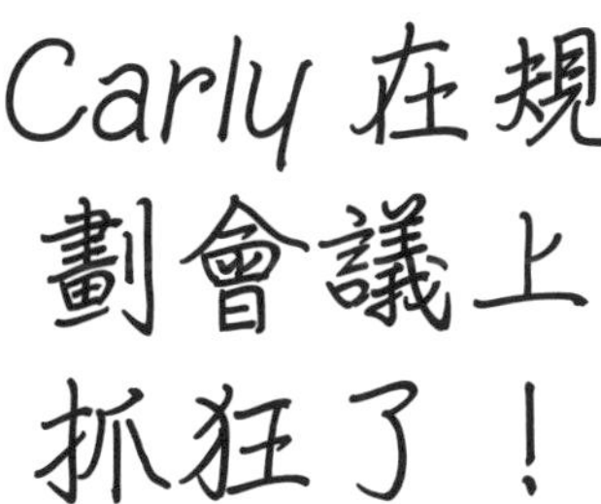

Carly 的事件卡上有 9 個綠點，表示這件事是處於最佳狀態；
另外有 1 個藍點，表示這事件處於最糟的時刻。

▲ 圖 2 Carly 的卡片

如果沒有刻意留心成員的感受，這樣的對話就不會發生了。

為大家建立一種結構化的方式來談論感受，可讓人們更容易地提出帶有情緒性的議題。當人們迴避情緒化的內容時，這些情緒並不會消失，而是會不經意地消耗能量與動力；或者這些情緒可能會在憤怒的情況下爆發出來，充滿怒氣的戰爭對於你的回顧會議並沒有幫助。

在進入下一個階段之前，請與整個團隊一起快速檢閱資料。讓團隊瀏覽你所蒐集的資料，並針對觀察到的模式、轉換及意外情況發表看法。

完整的資料蒐集（包括事實與感受）可以為接下來的回顧會議帶來更好的想法與行動。如果沒有一個共同的畫面，大家只能使用狹隘的資料——他們自己手中的資料。當大家只查看自己的資料時，團隊就不太可能致力於改變與實驗。缺乏感受資料時，團隊將可能無法處理對他們而言最重要的議題。

F 開頭的字

好的，我們正與工程師們一起工作，他們可能不想談論自己的感受。所以在回顧會議中，我們通常不會詢問他們的感受。

但我們有自己的方式。

與其直接詢問人們的感受，不如嘗試換個方式提問：

你什麼時候會對工作感到興奮？什麼時候會認為「這只是一份工作罷了」？你什麼時候會因為工作而感到憂慮？

最佳的狀態是？最糟的時刻是？

這個迭代的狀況如何？

你什麼時候感到 [填入形容感受的詞——憤怒、悲傷、驚訝……] ？

上述這些問題能讓人們在不使用 F（feelings，感受）字的情況下，就可談論他們在迭代中的體驗。

1.3 產生洞見（generate insights）

現在是時候問「為什麼」，並開始思考有哪些不同的做法。在產生洞見時，團隊會參考一些資訊以找出前一個迭代的優勢與問題。

帶領團隊審視那些有助於他們成功的條件、互動及模式。調查失誤與不足之處，並找出風險與意料之外的事件或結果。

一旦問題浮現，人們很容易直接跳到解決方案。最初的解決方案有可能是正確的，但大多時候都不是。此階段的工作是考慮更多的可能性、查看原因與影響，並以分析的方式來進行思考。這也是團隊一起思考的時機。

這些見解可以幫助團隊了解如何才能更有效率地工作——這是所有回顧會議的最終目標。

產生洞見這步驟讓團隊能夠退一步，看清全貌，並深入探究根本原因。

如果你跳過產生洞見這一步驟，你的團隊可能無法了解這些事件、行為及環境將會如何影響他們軟體開發的能力。花時間產生洞見，有助於確保你的團隊在規劃改善方案時能產生正向的影響。

可重複使用的技能

團隊在回顧會議中用來產生洞見與分析問題的活動與技能，也同樣適用於回顧會議外的其他事項。

團隊能使用這些分析工具來了解技術問題、排列故事或需求的優先等級、規劃策略，或是推動創新。

舉例來說，某個網頁開發團隊在回顧會議中學到心智圖法技術。之後，當他們與客戶發生摩擦時，就可以運用心智圖法協助團隊找出處理問題的各種選項。

1.4 決定行動事項（decide what to do）

此時，團隊手上會有一份潛在的實驗與改善清單。現在是時候挑選最重要的事項（通常一個迭代不超過一到兩項），並規劃行動方案。你的主要工作是為團隊提供框架與指引，以利他們為這些實驗與行動進行規劃。

團隊有時候會提出一長串的待改善清單，但是太多的提議會壓垮你改變的能力。為下一個迭代選擇一到兩項實驗方案，並協助你的團隊選擇他們能夠承諾、能產生正面影響的事項。如果你的團隊剛從充滿壓力的變化中恢復過來，此時請協助他們選擇較不複雜的事項。

在回顧會議期間採取行動能使團隊產生動力。Mike 的團隊為了解決結對程式設計的一致性問題，制定了一項新的工作協議：「每個人每天至少結對四個小時」；Jan 的團隊重新設計了他們的實驗室，並建立了新的會議報到程序。

其中一種為實驗與改變進行規劃的方式是建立故事卡（story card）或待辦清單事項（backlog item），此舉可讓改善計畫更容易被納入下一個迭代的工作計畫中。理想的做法是，在迭代規劃會議前先舉行回顧會議。請在回顧會議與迭代規劃會議之間安排一個休息時間——即使只是一頓午餐也好。

無論你是在回顧會議中完成規劃，還是將行動納入迭代計畫中，請確保大家都同意加入，並對任務作出承諾。若是沒有個人的承諾，大家會認為「團隊」將執行任務，但實際上卻沒有人去做。

避免沒有行動的回顧會議

當團隊將外部群體視為問題的根源，並希望那些人做出改變時，他們終將感到沮喪。等待別人改變是徒勞的，啟動改變最有效的地方是團隊內部。即使你的團隊沒有直接的控制權，他們還是能採取行動去影響或改變他們自己的應對方式。

改變發生在日常工作中。認為回顧會議是浪費時間的團隊，通常會將他們的改善計畫與日常工作計畫完全分開。當改善計畫被分開時，就沒有人會撥出時間做「額外」的工作。

1.5 結束回顧會議（close the retrospective）

天下無不散的筵席，即使是回顧會議。果斷地結束回顧會議：別消耗大家的精力，或讓人員流失。決定如何記錄這些經驗，並規劃後續的跟進事宜（follow-up）。

協助你的團隊決定該如何保留從回顧會議中學到的事物。利用海報或大型視覺化圖表來追蹤新的做法；使用數位相機或點擊白板的列印鍵來製作一份視覺化的記錄。這些學習是屬於團隊與團隊成員的——不是教練的，不是團隊領導者的，更不是身為回顧會議帶領者的你的。團隊需要擁有它們。

請感謝每個人在迭代與回顧會議期間所付出的辛勞，並以此結束回顧會議。

在你結束會議之前，花幾分鐘對回顧會議進行一次回顧。看看哪些部分做得好，以及哪些是你可以在下次回顧會議時有所改變的地方。「檢驗與調適」（inspect and adapt）也適用於回顧會議。

使用此框架——開場、蒐集資料、產生洞見、決定行動事項，以及結束回顧會議——將可協助你的團隊做到以下幾點：

- 了解不同的觀點。
- 遵循思維的自然順序。
- 全面了解團隊目前的方法與做法。
- 讓討論自由發展，而非預設其結果。
- 結束回顧會議時，請為下一個迭代提供具體的行動與實驗方案。

此框架提供了一個禁得起考驗的流程，讓身為回顧會議帶領者的你可協助你的團隊檢驗與調適。下一章，我們將一步步使用此框架來建立一個適用於你團隊的回顧會議。

Chapter 2

為團隊量身制定回顧會議

2.1 了解歷史與環境

2.2 制定回顧會議的目標

2.3 決定會議的時間長度

2.4 建立回顧會議

2.5 選擇活動

當我們第一次開始帶領回顧會議時，外聘的引導者會與專案贊助者及專案經理進行協商，以決定在專案結束時所進行的回顧會議的目標及手法。但是，如果你是一位迭代式開發的教練或團隊領導者，那麼你極有可能在每個迭代後會帶領自己團隊的回顧會議。你也可能會讓團隊成員之間輪流擔任此角色。無論何種情況，若是你正在規劃與帶領回顧會議，你將對會議的目標、進行方式及流程做出一系列的決策。但在你做決策之前，請先查證。

2.1 了解歷史與環境

如果你帶領的是自己團隊的回顧會議，你大概早就了解整個團隊的歷史與背景。即便如此，請再檢視一次，以便確認你對團隊的歷史、士氣及專案狀態的假設都是正確的。

如果你是與自己團隊之外的團隊合作，請先研究他們的背景。檢視此團隊的工作空間，看看那些幽默誇張的圖畫、白板及其他工件；注意有哪些工件是可用的，哪些是遺漏的；並與各個正式及非正式的團隊領導者交談。你所蒐集的資訊將可協助你與團隊一起挑選出適合的目標。你所觀察到的事情將對於你需要問些什麼，以及團隊可能面臨什麼問題提供一些線索。

當你與團隊成員交談時，可對以下問題進行了解：

- 此迭代的產出是什麼？團隊的目標為何？他們如何達成（或未達成）預期結果？
- 先前專案審查的歷史資訊為何？發生了什麼事，以及後續處理的狀況為何？

- 當團隊進行回顧會議時，組織有發生哪些事情而影響了團隊？舉例來說，是否出現裁員的傳聞？最近有併購事件嗎？有產品被取消嗎？
- 團隊成員之間的關係為何——他們的工作如何相互依賴？他們的個人關係與工作關係為何？
- 團隊成員的感受為何？他們關心或焦慮哪些事？什麼事情能夠鼓舞他們？
- 對回顧會議的贊助者與團隊而言，實現什麼成果才值得投入這些時間？
- 團隊過去是如何與引導者合作的？

透過探索這些問題所萃取出的資訊，將可協助你制定可行的回顧會議目標。這些資訊也將協助你了解團體動態，並在你與大家還不熟識的時候，幫你建立關係。

2.2 制定回顧會議的目標

實用的目標有助於回答此問題：投入這些時間是為了實現什麼樣的成果？

一個實用的目標能解釋，為何團隊在尚未確定回顧會議之後會採取什麼行動或方向，就願意投入他們的時間參與會議。一個限制性的目標就像戴上眼罩一樣。選擇一個寬廣的目標，可讓你的團隊有機會發揮創意，思考過往的經驗，並找出他們認為重要的見解。與一般目標不同的是，你需要避免定義那些可具體衡量成果的目標，像是「決定如何說服人資部門取消績效評估」之類的目標，因為這會妨礙團隊考量其他的行動管道或是所面臨的其他重大議題。

這裡還有一個較為寬廣但仍然不恰當的目標：「確認測試任務出了什麼問題」。像這樣的目標可能會讓你的團隊走向錯誤的方向，也可能讓團隊開始相互指責。

實用的回顧會議目標包括：

- 找出可改善我們做法的方式。
- 找出我們做得好的地方。
- 了解沒有達成目標的背後原因。
- 找出可提升我們回應客戶能力的方法。
- 重建受損的關係。

以上只是一些範例。請考量你們的背景，並與團隊一起找出一個可以協助自身團隊的目標。

「持續流程改善」也許可在幾個迭代中發揮作用。在那之後，這個目標將變得不再適用。此時請切換到不同的目標。當你考量團隊背景之後，可向團隊推薦目標。如果團隊不認同此目標，就請團隊自行描述一個。

2.3 決定會議的時間長度

你們的回顧會議應該進行多久？

這需要視情況而定。

15 分鐘可能足夠——但也可能不夠。回顧會議的時間長度並沒有既定的公式，而是需要取決於以下四個因素：

- 迭代的長度。
- 複雜性（技術面、與外部單位的關係，以及團隊組織）。
- 團隊規模。
- 衝突或長期爭論的程度。

為期一週的迭代可能花一小時開回顧會議就已足夠；為期三十天的迭代則可能需要半天的時間才夠。縮減會議時間意味著對結果作假（發布與專案結束時的回顧會議則需要更長的時間：至少一天，在某些情況下可能需要一至四天）。

複雜性可能與技術環境有關，也可能與關係層面有關。若你預計將有許多討論，請多預留一些時間。

人數較多時，也請增加時間。當會議超過 15 個人時，所有事項都需要耗費更長的時間。

失敗的專案，以及受到政治干擾的專案會在團隊內部與外部引發長期的爭論。請多預留一些時間讓團隊成員宣洩吧。

如果成員找出有意義的改善方案，並在會議的預定結束時間前就完成了他們的規劃，你就可以隨時提前結束回顧會議。一旦團隊達成了會議目標，就沒有必要繼續該會議。不過，花太多的時間通常不是問題。反之，若你的團隊只產生了表面的見解與膚淺的計畫，那他們可能就需要更多的時間。

需要花多少時間準備回顧會議呢？

第一次嘗試進行一個並非只是詢問「哪些地方做得好？」與「我們應該在哪些地方改變？」的回顧會議，是需要花點時間準備。

需要多少時間？第一次所花的準備時間，可能會與所預計的回顧會議時間長度一樣。你會需要花時間去確認目標、決定會議的進行方式及流程、選擇活動，以及準備好如何帶領回顧會議。針對一個小時的回顧會議，你可能需要一個小時的準備時間。

之後的每一次，準備時間將越來越少。但你永遠不可能不花時間準備——若真是如此，那就表示你根本沒把這件事情放在心上。但透過練習，以及一系列讓你感到自在的活動，你就能夠很快地做好準備。

同樣地，第一次為發布或專案結束準備一個全天性的回顧會議，也會需要投入大量的時間。這很合理。如果你想讓 5 ～ 20 個人花一整天一起學習，就需要確保你的會議能夠充分利用他們的時間，並獲得預期的成果。

2.4 建立回顧會議

在第 1 章〈協助團隊檢驗與調適〉，我們制定了一個框架：開場、蒐集資料、產生洞見、決定行動事項，以及結束回顧會議。此框架納入了所有團隊成員的觀點、遵循著處理資訊的自然流程，並推動團隊朝著所承諾的行動邁進。

你已經決定好需要多少時間來實現回顧會議的目標，那現在你要如何規劃這段時間？

以下是一個兩小時回顧會議的運作方式：

開場	5%	6 分鐘
蒐集資料	30 ～ 50%	40 分鐘
產生洞見	20 ～ 30%	25 分鐘
決定行動事項	15 ～ 20%	20 分鐘
結束回顧會議	10%	12 分鐘
轉場時間	10 ～ 15%	17 分鐘
總計	100%	120 分鐘

你需要時間涵蓋所有的階段。另外，成員也需要時間從一項活動轉移到另一項活動，所以轉場時間（shuffle time）也要計算進去。

休息時間

當一個合乎邏輯的暫停點出現、團隊能量下降，或是有人提出要求時，請休息一下。針對超過兩個小時的回顧會議，請在議程上安排休息時間。原則上，每 90 分鐘至少要有一次 10 分鐘的休息時間。

如果你正進行迭代的回顧會議，你可能會使用你的團隊空間。使用團隊空間的好處是所有的工件都在身旁，感覺就像平常工作時一樣。這麼做是好的，除非出現了其他情況。

當迭代異常終止、錯過迭代目標，或是團隊內部發生無效益的衝突——種種的情況讓你需要一個全新的觀點時，請更換會議場所。像這樣的事件不常發生（至少我們希望是這樣），移動到不同的環境可象徵性地表明這一點。當你的回顧會議已經不合時宜時，更換會議場所也能有所幫助。我們大多數人都曾有過開車或步行在熟悉的路線並到達目的地，一路上卻沒有注意到任何事情的經驗。當團隊總是待在同一個會議室開會時，也會發生同樣的過程。換到不同的會議室可以協助人們注意到不同的事情。

請找一個空間夠大的地方來容納你的團隊，並且不會讓他們覺得擁擠。判斷會議室大小的一種方式是查看其空間占用率。大部分商業大樓的會議室（以及旅館的會議設施）都有此資訊。如果你在美國，請詢問設施管理人員，以便可以選出一間被評定為可容納三至四倍預計參與人數的大會議室。世界各地的空間占用率並不同，但你希望有足夠的空間讓人們能舒適地走動——他們不會全程排排坐（我們希望他們完全不要排排坐）。

圓形或半圓形的座椅擺放方式可以鼓勵人們參與，因為他們能看見彼此。教室或劇院式的座椅排列方式則會壓抑人們的參與度，而且盯著別人的後腦勺也不利於交談。桌子可以是一種實體障礙，也可以是一種心理障礙。避免挑選中間有一張固定會議桌的空間。那種大型桌子會抑制創造性的協同合作。畢竟，這不是董事會會議。

如果將桌子排列成中間有個「U」字海灣的形狀，會讓人們產生距離感，而且難以走動。如果你必須有桌子，請確保你可以搬動它們。

重點就是要讓人們拉近距離而不是離得更遠，並且要讓人們能更容易地看到回顧會議期間所張貼的資料圖表、活頁掛紙及其他資訊。

此外，在昂貴的工藝品上黏貼東西，會讓設施管理人員緊張不安。無論你挑選哪種傢俱佈置，請挑選一個有著長長的空白牆面的空間來張貼時間軸、圖表及活頁掛紙。如果你找不到具有空白牆面的空間，請採用其他方式懸掛活頁掛紙，這裡提供兩種方式，一種是將桌子側放（Improvising Space for a Timeline [Dav05]），一種是拉一條曬衣繩（Re: Improvising Space for a Timeline [Hin05]）。你還可以將這些圖紙平鋪在開放的地板上，這樣人們就可以走近觀看。真的找不到地方懸掛圖紙時，就用膠帶把它貼在窗戶上（但不要使用透明膠帶，因為它很難去除）。

可攜式白板非常適合用來蒐集少量資訊。缺點是一旦白板被寫滿，就需要擦掉。這對於臨時性的資訊影響不大，但如果團隊在回顧會議的其他階段也需要這些資訊，請使用活頁掛紙。

以下是一位回顧會議帶領者對於他自己團隊的回顧會議的看法。場景：該團隊採用了一些極限程式設計的實務，但是他們尚未進行結對程式設計，也沒有定期地進行回顧會議。團隊目前正處於第六個為期兩週的迭代中。在此迭代，他們全靠超時工作來達成迭代目標——這違反了他們以持續穩定的步調工作的協議。最嚴重的是，他們的建置系統在迭代的第二週就故障了。

考量到迭代的進行狀況，有一位團隊成員建議他們可以檢查所發生的事情，並在下一個迭代進行改善，以從中獲益。團隊的其他成員也同意。他們想藉由他們的第一個回顧會議來從迭代的問題與錯誤中學習。

決策：目標是什麼？

從上一個迭代的問題中學習，找出這些問題的根本原因。

決策：誰要參加？

團隊。

決策：時間多長？

兩個半小時。第一次的回顧會議可能需要更長的時間，因為我們還不熟悉這類型的討論。而且，我們已經與這些議題一起工作了 12 週，所以我們需要回顧到比上個兩週迭代還要久遠的時間點。

決策：我們要在哪裡舉行回顧會議？

一間可以舒適地容納 20 個人的會議室。成員需要能四處走動，以進行小組活動。

決策：我們將如何佈置會議室？

把桌子都移到會議室的一側。開始時，面向長牆坐成半圓形，然後走到房間的角落進行小組活動。我們不希望人們圍著會議桌排排坐，坐成半圓形能讓每個人在最初的討論時看到彼此。我們需要可變化的空間，讓人們得以四處走動。

現在，你應該已經有了這些問題的答案：

- 回顧會議的背景是什麼？
- 回顧會議的目標是什麼？
- 回顧會議需要開多久？
- 回顧會議要在哪裡舉行？
- 回顧會議的基本框架是什麼？

2.5 選擇活動

當你了解回顧會議的基本內容——目標、持續時間、與會者、會議室及其設置，是時候來認識活動了。活動是有時間限制的各項流程，能協助團隊完成回顧會議的各個階段。這些活動提供了可以協助團隊一起思考的框架，與隨心所欲的討論相比，活動具備了更多的優點。

活動的執行步驟如下：

鼓勵平等參與　人數超過五個人時，很難讓每個人都參與討論。當人們在較小型的團隊中進行活動時，將比較有可能聽到彼此的聲音。

專注於討論　這些活動皆有其特定的目標，故可將討論限制於其中。這樣可以減少（但不能完全消除）偏離主題的機會。

鼓勵新觀點　這些活動可讓人們跳脫日常的思維模式，並鼓勵新的想法。活動不一定要精緻或複雜才有效果。在回顧會議中，實用的活動範例包括：腦力激盪（brainstorming）、圓點投票（voting with dots）、簽到（check-in），以及結對訪談（pair interviews）。

選擇那些可以支持回顧會議目標的活動。如果無法討論出這項活動與工作之間的關聯，則可省略它。我們並不反對遊戲與模擬活動——事實上我們經常使用它們，前提是它們有助於達成目標並推動回顧會議向前發展。與工作無關的破冰或激勵等遊戲則不適用於回顧會議。時間有限，所以不要把它浪費在「只是為了好玩」的活動上。玩得開心，但要有目標。

激勵與學習專家 J. M. Keller 制定了教學設計的評估準則。這些準則包含了注意力（attention）、相關性（relevance）、信心或能力（confidence / competence），以及滿足（satisfaction）——簡稱 ARCS（Strategies for Stimulating the Motivation to Learn [Kel87]）。即使你不是開發教材，但是你正創造著一個學習環境，因此這些準則同樣適用於此。若是你已經在前置工作時進行面談，你也許已經獲得一些與你團隊有關的線索了。

選擇可以協助人們持續參與的活動，這樣他們就不會偏移（注意力），而且這些活動需與目標有關聯（相關性）。你想要人們可以成功地完成活動（信心或能力），請避免設計一些會讓人們覺得愚蠢、無能或被陷害的活動。當人們覺得被陷害時會變得憤怒，覺得自己看起來或表現得像個傻瓜時，會變得有所防備。這並不是你在回顧會議中所想要的。最後，請確保活動符合整體設計，讓人們認為值得花時間來參與回顧會議（滿足）。

變換活動以保持團隊的參與度。在小組或整個團體的活動之後，安排一個兩兩結對的活動。輪流搭配進行那些需要久坐的活動與需要走動的活動。

一段時間之後，人們會對同樣的活動失去熱情。如果你對某項活動感到厭煩，那麼你的團隊也許同樣感到厭煩了。尋找新的活動來讓你的團隊（與你自己）持續保持興趣。當人們感到有興趣時，他們就不太可能陷入習慣性思維——而且你也不想要習慣性思維。你想要的是創造性思維。在你帶領回顧會議一段時間之後，你將開始制定你自己的活動。許多用於產生想法、分析問題或找出新解決方案的活動都適用於回顧會議。同時，我們為回顧會議的每個階段都列出了一些活動，並提供逐步的指導（請參閱第 4 章～第 8 章各個包含〈活動〉的章節內容）。

> **TIP 3** **準備備案**
>
> 為每個階段選擇兩項活動——一短一長。如果時間緊迫，就替換成時間比較短的活動。

現在，我們要來看看如何為每個階段挑選活動。我們以極限程式設計團隊為例，此團隊為了實現目標一直加班，但他們的建置系統卻故障了（這裡所提及的每項活動都將在第 4 章～第 8 章的各個〈活動〉章節中詳述）。

階段：開場

活動：聚焦／不聚焦

為什麼？在開場（重申目標、時間表及工作協議）之後，此活動將有助於建立一種不以責備心態看待問題的態度。我們想鼓勵公開討論。

階段：蒐集資料

活動：帶有顏色標記點的時間軸

為什麼？團隊要檢視的是一段時間相當漫長的過程，這將協助他們回想起先前迭代中發生的事情。此活動能協助大家看到事件之間的關聯。彩色標記有助於我們看清事實與感受，並且可以有效利用時間。

階段：產生洞見

活動：模式和轉換

為什麼？我將指引團隊辨識與命名那些造成我們目前問題的模式及重要事件。

活動：魚骨圖

為什麼？在檢視各項模式之後，我們需要確認問題的根本原因。我們將分析重要事件及問題背後的因素。

活動：綜合報告

為什麼？我們需要各小組分享工作內容，並尋找共同的脈絡與成因。

為什麼？如果團隊中的根本問題無法解決，我們需要制定一個具有影響力的策略，以向我們的管理者展示解決此問題的重要性。

階段：決定行動事項

活動：以點數排序優先等級

為什麼？我們需要找出最重要的二到三個根本原因，以便在下一個迭代中解決。我們無法掌握一長串的變化；我們只需致力於能產生最大影響的事情上。

下一步取決於團隊認為什麼才是最重要的事。

選項 1：撰寫故事卡（回顧會議規劃遊戲）。

為什麼？我們可以將故事卡上的項目帶到下一個迭代規劃會議，並將它們納入我們的其餘工作中。

選項 2：增加工作協議。

為什麼？團隊可能需要一些更貼切的工作協議（因為他們已經違反了現有的協議），我們可以在會議中修訂它。

選項 3：撰寫提案。

階段：結束回顧會議

活動：Plus ／ Delta

為什麼？改善回顧會議。

活動：感謝

為什麼？為人們提供一個認可各項貢獻的機會。經過艱難的迭代與辛勤工作之後，我們需要在回顧會議時讓團隊感受到鼓舞。提醒自己：記得感謝團隊的努力付出。

在第 36 頁的圖 3：回顧會議帶領者的筆記，顯示了回顧會議帶領者的會議筆記。在第 37 頁的圖 4：回顧會議議程，顯示了回顧會議議程的海報。

假設這是為你的回顧會議而設計的。

我的回顧會議議程

9:30 – 12:00

時間	階段	內容
9：30	開場	歡迎大家參加
		重申會議目標與時程
		檢視工作協議
	9：40	活動 — 聚焦／不聚焦
		— 分成小組（3？）
		— 討論思維模式＝不責備
9：45	蒐集資料	活動：包含6個迭代的時間軸
		使用顏色標記卡／貼紙
		以表示情緒
		藍色＝難過　紫色＝生氣
		黃色＝驚訝　綠色＝開心
10：30	產生洞見	活動：模式和轉換
		活動：原因和影響
		魚骨圖
	休息一下？	彙總報告
		尋找共同的脈絡
11：15	決定行動事項	活動：列出共同的脈絡 &
		以點數排列優先等級
	可選擇的活動：	挑一個
		— 故事卡
		— 工作協議
		— 提案
11：50	結束	回顧會議的 Plus ／ Delta
		感謝
		謝謝團隊

▲ **圖 3　回顧會議帶領者的筆記**

你已經知道回顧會議的目標、會議長度、會議地點、與會人員，以及你將用來協助團隊一起思考與解決問題的活動。

現在你要做的就是站起來，帶領團隊進行會議。

回顧會議目標：從先前的迭代
學習並找出問題的根本原因

議程
上午 9：30 — 中午 12：00

- ☐ 開始～概述
- ☐ 檢視專案的歷史資訊
- ☐ 尋找模式
- ☐ 分析與綜合調查的結果
- ☐ 排序與規劃
- ☐ 結束會議

這些項目涵蓋了回顧會議的所有五個階段。

▲ **圖 4　回顧會議議程**

Chapter 3

帶領回顧會議

3.1 管理活動

3.2 管理團體動態

3.3 管理時間

3.4 管理自己

3.5 將你的技能提升到更高層次

本章將介紹回顧會議帶領者的角色與技能。要帶領迭代回顧會議，你不需要成為一位專業的帶領者，但你確實需要一些基本的引導技能。為了學習這些技能，你需要了解此角色，然後實踐它，並尋求回饋。

身為回顧會議帶領者，你可能會根據內容行事，但你的主要責任是主導會議流程。當帶領者談論流程時，他們並不是在談論重量級的方法論。**流程**意味著管理活動、管理團體動態（group dynamics），以及管理時間（The Skilled Facilitator [Sch94]）。回顧會議帶領者專注於回顧會議的流程與框架。他們關注團隊的需求與動態，並協助團隊實現目標。回顧會議帶領者即使有鮮明的立場，也必須在討論時保持中立。

當討論的內容涉及你自己的團隊時，你會很容易地加入討論。尤其是當你關心該議題時，跳進引人入勝的討論真的很吸引人。但是，如果你沉浸在內容中，你就無法全神貫注於流程上。請稍等片刻，以確定是否有必要提出你的想法。在大多數的情況下，沒有你的意見團隊也能做得很好。提供意見的風險在於，當帶領者過於頻繁地介入時，會抑制小組的討論。

另一方面，參與者專注的是內容、討論，有時會意見分歧（但還沒到不愉快的地步），然後做出決策。參與者瞄準目標，並管理他們自己的想法、感受及回應，並對討論及成果做出正面的貢獻。

何時提供專業意見

你可能想提出一些團隊中都沒有人提過的重要內容。當此情況發生時，請告訴團隊你將暫時離開回顧會議帶領者角色，以便參與討論。將你的麥克筆交給另一位團隊成員，以表明你參與討論時，將不再是帶領者角色（但要確保你之後會拿回麥克筆與你的角色）。

3.1 管理活動

每個回顧會議的設計都包含像是建立工作協議、制定時間軸、腦力激盪及排序優先等級等活動，以協助團隊共同思考。你需要介紹每項活動、在活動期間監視會議狀況，並在活動完成時進行總結。

大多數的人都想在活動開始前先知道一些與活動目的有關的訊息。請只提供一個廣泛的範圍，這樣團隊將能夠在不知道即將發生什麼細節，或具體將學習到什麼的情況下，進行探討。

TIP 5

介紹活動

第一次使用活動時，記得寫個講稿，這樣你就可以記得該說什麼，並可避免混淆這些指引或遺漏某些事。

一旦有了講稿，請練習大聲說出來。開口說出字句，與閱讀或思索它們是不一樣的。當你聽到自己給的指引時，你會注意自己哪些地方說得不順，或甚至是你無法依照哪些指示進行活動。然後你就可以修訂講稿，並再次練習。

你最終可能不再需要依照講稿進行活動，但事前的準備與練習，可以幫助你清楚並簡明扼要地闡述活動。

以下是一個重新建立發布時間軸的活動介紹：「為了了解我們的迭代，我們需要從每個人的角度講述整個故事。我們將制定一份時間軸，以顯示專案期間所發生的各項事件。當我們有一份盡可能完整的時間軸之後，我們將尋找有趣的模式來探究這些困惑。」

這說明了「了解我們的迭代」這個活動的範圍，並在更高的層次上列出這些步驟：「建立時間軸」、「尋找有趣的模式」及「探究困惑」。但這無法確切地告訴團隊將會得到什麼成果，因為成果需要由團隊產出。

大多數人（即使是非常聰明的人）都無法吸收這麼多的活動步驟細則。對於每個步驟的詳細資訊，我們應該等到進行該步驟時再及時提供即可。關於時間軸活動，第一步的詳細做法如下：「將成員分成兩三個人一組。在小組中，討論發布期間發生的所有事件。所謂的事件不需要是里程碑，它可以是專案中發生的任何事件。」提供指引之後，詢問大家對此任務有何疑問。這時請停頓一下並數到10。等待成員提出問題。

身為回顧會議帶領者，你在活動期間有兩項任務：回答活動的相關問題與監視會議情況。

當小組進行活動時，請聆聽討論的喧鬧程度。大量的交談表示團隊充滿能量。這也是成員已完成靜態活動或需要更多時間進行討論的線索。反之，與寫作、個人獨立工作有關的活動，會議的討論聲則表示成員已完成活動，並開始與隔壁的人交談。如果在討論活動結束時仍然有熱烈的交談，請確認成員是否需要更多的討論時間。當然，熱鬧的交談聲也可能意味著成員們已經完成任務，並開始討論最新的電影。

對每項活動進行小結可以協助團隊檢視他們的經驗並萃取洞見。他們將能建立意識連結並產生新的想法。對每項活動進行小結能加強成員對於回顧會議的洞見與決策。

所以，進行小結是很重要的。現在你會怎麼做？

以下有個簡單的四步驟小結法，此方法幾乎適用於所有的活動（The Art of Focused Conversation: 100 Ways to Access Group Wisdom in the Workplace [Sta97]）：

1. 首先詢問那些所觀察到的事件及其感受。「你們看見、聽見了什麼？」

2. 詢問他們對於這些事件及感受是如何回應的。「什麼事情令你感到驚訝？哪裡讓你備受挑戰？」

3. 透過詢問以尋求洞見並進行分析，例如，「對於此事，你有什麼見解？」接著可詢問：「這件事與我們的專案有什麼關聯？」這些問題可協助人們產生想法，並將活動與專案連結起來。

4. 建立起活動與專案之間的連結之後，你可以透過詢問團隊成員將如何運用他們的見解來完成此學習週期：「你會對哪一件事採用不同的進行方式？」

注意到有什麼相似的地方了嗎？它遵循著與回顧會議框架相同的流程（蒐集資料，包含事實與感受；產生洞見；以及決定行動事項）。

還有許多其他進行小結的做法。請參閱第 189 頁的附錄 B〈為各項活動進行小結〉。這是一個好的起點。

對於一個 5 至 20 分鐘的活動，花在小結上的時間是該活動的 50 ~ 100%。因此，對於一個 10 分鐘的活動，你可以留 5 至 10 分鐘的時間進行小結。

3.2 管理團體動態

通常，在回顧會議中管理團體動態，意味著管理大家的參與程度：確保有話要說的人都有機會發言，並確保有很多話要說的人不會佔用太多時間。留意那些話說得比別人多（或少）的人。藉由徵求意見的方式，讓比較安靜的團隊成員開口說話。注意那些看起來好像要說話但被打斷的人，並詢問他或她是否有話要說。創造機會，但不強迫發言或要求回答（How to Improve Meetings When You're Not in Charge [Der03]）。

為了讓較安靜的人提出意見，請試著這麼說：「我們還沒聽到 Leigh 與 Venkat 的意見，你們要補充哪些呢？」同時，也要願意接受對方的婉拒。

如果有人總是滔滔不絕地發言，請（私底下）與他直說。如果你觀察到他的行為已經成為一種模式，請在回顧會議前就先與他談談。向他描述你的觀察，並說明此行為對團隊的影響——那就是其他人會停止參與。請要求他或她停止此類行為。如果私下的交談無效，請在回顧會議中直接勸阻此行為。當某位團隊成員對每個問題都搶先發言時，請舉起手，並以中立的語氣說：「我們已經聽過你對每個問題的見解了，來聽聽其他人的意見吧」。如果你以強烈的方式表達「我們已經『聽過你』對『每個』問題的見解了」，那它傳遞的就會是指責，對回顧會議沒有幫助。

管理者並不會出現在所有的回顧會議中，但當他們在場時，他們特別容易主導整個對話。這不總是他們的錯——當管理者在場時，參與的團隊成員會變得沉默不語（無論任何理由），管理者就會傾向於透過發言來解除沉悶的氣氛。在回顧會議開始前，請先與管理者見個面，教練他們如何適當地參與會議。要求他們先讓其他人發言，認可他人的貢獻，並注意如何表達反對意見。「我與你的看法有些不同」，這個對話方式維持了參與度。但是「你錯了」、「你不懂」、「你並沒有好好聽我說話」或「我不同意」這類的表達方式只會阻礙他人的參與或引發爭論，這些都是不好的表達方式。

以下是一位回顧會議帶領者如何對待健談的管理者的範例：Rajiv 是一位充滿活力且話多的專案經理，而且熱衷於這項專案。在回顧會議前，Jess 先與他見面，討論會議的參與問題。Rajiv 擔心他會忘記要等其他人先發言，所以 Jess 與 Rajiv 約定了一個暗號：如果 Rajiv 沒有依照順序發言，Jess 就會走過去並站在他身旁。他們從未使用到這個暗號。因為光是知道有暗號的約定，就足以幫助 Rajiv 等待他人發言了。

協助團隊向前邁進的策略

團隊有時會停滯不前。當這個情況發生時，身為回顧會議帶領者的你有幾個方案可以選擇。

你可以透過詢問以下問題來協助他們恢復創造力：

- 我們先前嘗試過什麼？而結果是？你們想看到什麼不同的結果？
- 如果我們這麼做，我們會得到什麼？
- 你們是否已經試過不同的方式？而結果是？

你還可以尋求更多的意見，尤其是從那些動腦多於動嘴的人身上。

在提交解決方案之前，你可以建議進行額外的研究。

你可以跳出回顧會議帶領者的角色，以自身經驗提供相關領域知識。

你也可以告訴團隊該怎麼做，但若這麼做，你將剝奪他們學習的機會。

在管理參與程度之後，下一個最常見的議題就是違反工作協議與指責。這兩件事都有負面的影響，因此你一定不想忽視它們。

團隊成員遲早會違反工作協議。人們通常有意遵守這些事，但還是會走回老路。當他們這麼做時，提醒團隊他們的工作協議。如果你容許這樣的違規行為持續發生，而沒有任何表示時，團隊成員將接收到「工作協議是可有可無的」這類訊息。可有可無的工作協議是沒有任何價值的，因此，監督工作協議是每個人的責任。

指責會啟動成員的自我防禦心態與反唇相譏，這會摧毀回顧會議。注意以「你」開始的發言（例如：「你搞砸了我們的工作！」）以及為他人貼上標籤的陳述（例如：「你超不成熟的！」），兩者都意味著指責。指責會分散對於真實問題的關注，進而危害回顧會議。

鼓勵以「我」的語言發言。「我」的語言是以說話者的觀察與經驗為中心，而不是往別人身上貼標籤。當你聽到指責或針對個人的批評時，請介入，並將話題轉向應討論的內容。

以下是一位回顧會議帶領者如何處理指責的案例：在某個平台擴張（platform expansion）專案的回顧會議期間，一名團隊成員指責另一位成員搞砸了工作。「若不是你，我們早就達成目標了！」

回顧會議帶領者說：「等一下！你能以『我』的語言重新說一遍嗎？」這位團隊成員想了一會，然後說：「我對於我們沒有達成目標這件事非常生氣，因為如果我們要修復這產品，則還有許多問題需要解決。」之後，團隊就能夠在不責怪某人的情況下，看到這個產品的更大問題。

接著描述一下你所看到與聽到的：「我聽到『標籤』以及『你』的語言。」描述該行為能讓人們停下來思考他們正在做的事情。

團體動態包括團隊成員的互動與情緒。你不需要對他人的情緒負責，但身為回顧會議帶領者，你有責任確保會議成效。而這就表示你需要準備好處理情緒上的互動與情況。

大多數的互動與情緒可以協助團隊前進，有些則無法。以下是一些具挑戰性的團體動態與互動，你需要多加留意並知道如何處理它們。運氣好的話，你不會在一個回顧會議上就遇到所有的情況。如果情緒爆發是你團隊的慣例，那就表示還有其他事情發生。回顧會議無法解決每一個問題，如果問題比團隊的一般磨擦更為嚴重時，請聯絡你的人力資源部代表，以取得資源與指導。

當人們壓抑他們的情緒時，這些情緒會以一些奇怪的方式出現：討論嚴肅的話題時，他們會哭泣、大喊大叫、跺腳離開、不恰當地發出笑聲或搞笑。

在你跳進去解決問題之前，請注意你自身的反應。此情況會讓你很容易專注於安慰某人，而忘記會議目標與團隊需求。在回顧會議中，你的主要責任是與整個團隊互動，而不是專為某個人。但這並不意味著需要忽略個人情緒，而是指需要以對團隊及個人皆有幫助且尊重的方式處理情緒。

以下是一些對我們有效的策略，相信也對你同樣有效。請先在心裡預想你會如何應對，這能讓你在當下有更多的選擇。所以，想想最讓你害怕的情緒爆發，並使用下面的其中一種策略在心中進行排練。情緒爆發會令人感到不安，但不會破壞此流程。如果你覺得你永遠都不會做這類的事情，請記住，撰寫這本書的其中一位回顧會議女神，原先也是一位程式設計師。

淚水　請提供一盒面紙。當對方能夠說話時，問他：「你發生了什麼事？能與大家分享嗎？」停頓一下。給予對方一些時間，往往他會就當下討論的話題分享一些真心話（而且通常是相關的）。

大喊大叫　在大多數的地方，當有人開始大喊大叫時，該空間裡的其他人就會停止手中正在進行的事。這將造成大家生產力低落。請立即介入。舉起一隻手做為停止訊號，以平靜而有力地口氣說：「等一下。」然後接著說：「我想聽你要說什麼，但是當你大喊大叫時我無法聽見。你能停止喊叫並告訴我們原因嗎？」如果對方回應你：「我沒有大喊大叫！」請不要感到驚訝。當人們心煩意亂或是興奮時，他們可能沒有意識到自己上升的音量。你不需要說「是的，你就是。」喚起大家注意這個大喊大叫的行為，通常已經足夠制止此行為了。

如果你的團隊成員繼續指責或大喊大叫，請先暫停會議，並私下與他談談。讓他們知道這種行為會如何影響團隊，並要求他們同意以不具威脅性的方式表達情感。如果此人不願意，請（而不是命令）他離開一下，並在對方有更好的自我控制力時再回到會議上。

跺腳離開　當團隊成員跺腳離開時，請讓他自行離去。並詢問團隊：「剛剛發生了什麼事？」他們會給你一個說法。然後你可以詢問，能否在沒有那位離席成員的情況下繼續會議。儘管他們可能需要談論該成員的離席，但大多數時，他們會說他們能繼續討論。

如果此情況不只發生一次，那就表示還有存在其他問題。請在回顧會議之後與那位離席的成員談談。

不恰當地發出笑聲與搞笑　在回顧會議中獲得樂趣是很棒的。而人們可能會以笑聲與幽默感來轉移敏感話題。當笑聲加劇或你的團隊一直迴避某個話題時，就是該介入的時候了。先觀察，然後詢問：「我注意到每次我們快談論到這個話題時，都會有人講笑話。發生了什麼事嗎？」他們會告訴你原因並參與話題。

另外，還有以下兩種情況需要注意。它們不是情緒爆發，但還是值得留意。

反常的沉默　　當一個健談的團隊突然安靜下來時，就表示發生一些事了。同樣地，請觀察一下，並帶著問題介入：「就我的觀察，我們團隊本來非常活躍且踴躍交談，但是現在非常安靜，發生了什麼事？」你的團隊可能只是累了，需要短暫的休息。或者，他們可能不確定如何處理某個話題，一旦你提出此問題，就會有人想出如何開啟話題，如此就能打破原本的僵局。

當然，事實上團隊保持安靜可能不代表什麼。他們可能正在思考、感到疲倦，或者他們剛好是一個安靜的團隊。不過，團隊若是突然沉默下來，或者表現出一反常態的沉默，那就會是一項需要關注的線索。

檯面下的情況　　坐立不安或激烈的私下交談可能表示檯面下正發生著一些事情。請再次詢問團隊發生了什麼事，他們會告訴你的。

以下是一位回顧會議帶領者如何處理在回顧會議中突然出現的干擾：在一個為團隊建設網路基礎設施的異地發布（off-site release）回顧會議中，Lindsey 注意到某位管理者在會議進行時接聽了手機來電，即使工作協議禁止會議中接聽電話，但他還是離開了。當他回到會議室時，他先與某成員交頭接耳，接著又與另一人交談，然後他打開了筆記型電腦。每個人都依舊試圖專注於會議中的討論，但有些事情已經讓他們分心了。Lindsey 停止了討論並詢問，「發生了什麼事？」一位團隊成員解釋，辦公室發生了危機，銷售經理希望他們能回去解決問題。他們想留在會議中，但因為銷售經理的要求，並且感受到客戶的迫切性而分心。Lindsey 與團隊一起討論各種應對選項：停止回顧會議並重新安排會議時間、忽略銷售經理的要求，或者是在當下採取一些做法。團隊最後決定在會議中設定一段時間盒，以立即解決此問題，然後再重新回到回顧會議上。

Lindsey 並沒有責怪任何人違反協議。在大多數情況下，指出該行為、對其發表評論，並詢問小組發生了什麼事情都能緩和此情況並改變動態。

哇！了解這些之後，管理時間將變得很容易！

3.3 管理時間

這裡有個問題：當你帶領回顧會議時，你應該要回應團隊的需求，同時你也需要注意時間並將其維持在時間盒以內。這是兩難的處境。

帶個計時工具以利你掌握活動時間。我們有時候會忘記追蹤時間，所以我們經常會記下開始時間，以便知道何時該結束活動。或者，你也可以使用計時器來為這些活動計時。

如果你和一個規模遠超過八人的團隊一起工作，你將需要一些方法來提示大家是時候進入另一個步驟了。當你為活動進行分組、小結或提供額外指引時，請使用鈴聲、鐘聲或是其他不會令人感到厭煩的聲音作為提示。對著團隊叫喊是無效益的，而且還會傳達錯誤訊息。吹口哨能引起大家的注意，但它無法每次都達到預期效果。鴨叫聲、牛叫聲及其他動物的聲音可以在小於十人的團隊中起作用（這類聲音無法在大型團隊中傳播），但是那些聲音無法為你的尊嚴加分（假設你在乎這類事情的話）。

當預定的時間已經用完，但討論還在熱烈進行時，請詢問團隊他們想如何進行：「我擔心如果我們繼續討論，恐怕會無法達成我們的最終目標。你們想怎麼進行呢？」團隊可能會重新回到會議的重點，然後繼續往下進行，或者他們會告訴你這個討論比原先的目標還重要。請將決定權交給團隊。

團隊的決定通常會很明確。如果沒有，則尋求妥協，例如：為討論設定一個時間盒，或是同意另外找時間（在回顧會議中或結束之後）再重新討論該議題。

如果時間不多，請準備好替換成時間較短的活動。你仍然有責任達成回顧會議的目標——確認並規劃實驗與改善事項。

3.4 管理自己

除了管理各項活動、團體動態及時間以外，你還需要管理自己。

保持對所有團隊與人際動態的了解聽起來是個龐大的工作。管理團體動態的關鍵不是技術（雖然它有助於制定策略），而是理解與管理自己的情緒狀態及回應。如果你不管理自己的狀態，那麼任何技術或策略都將無濟於事。當情緒高漲時，你的團隊需要有人遠離騷動。而那個人就是你，回顧會議的帶領者。

如果你感到焦慮或緊張加劇，請先深呼吸。如果有需要，也可以暫停休息一下。你的焦慮是一個線索，它可以讓你釐清下一步該做什麼，才能為團體服務。記住，你並沒有引發會議室裡的情緒，也沒有責任讓每件事情及每個人都感到快樂與美好。

在休息期間，花點時間抖一抖手腳，釋放緊張感，讓血液再次流動。深呼吸三下。這看似是多餘的建議，但是當人們緊張與焦慮時，流向大腦的血液將會減少……這會降低清晰思考的能力，進而導致焦慮與緊張。現在你明白了。為大腦提供氧氣是件好事，它能幫助你思考。當你的大腦充滿氧氣，詢問自己以下問題：

- 「剛才發生了什麼事？」
- 「有多少在我的掌控以內，又有多少在我掌控以外？」
- 「團隊是怎麼走到這一步的？」
- 「團隊下一步需要做什麼？」
- 「下一步，我有哪三個選擇？」
- 「我能為團隊做什麼？」

這些問題將協助你重新定位。然後你就可以運用其中一種策略來管理團體動態。只要你有策略，就不會呆站在原地不動，不知所措。隨著時間，你在處理情緒狀況的經驗會增加。找一位你曾經見過他管理團隊情緒的人作為導師。與你的導師合作，以獲得信心，並了解處理情緒狀況的更多選擇。請記得調整呼吸。

3.5 將你的技能提升到更高層次

如果你樂於協助團隊一起思考，那麼請提高你身為帶領者的技能，並擴充你的工具箱。請考慮在以下領域深耕你的技能：

- 善用各項活動。發展、引進以及總結各項活動並進行模擬是一門藝術，它能協助成員一起思考與學習。除了可以在回顧會議中運用各項活動之外，如果你的工作也涵蓋教練、教學或培訓，那麼善用各項活動與模擬也是很有幫助的。

- 協助團隊制定決策。擁有大量關於人們如何真正做出決策的知識（順帶一提，這並非完全依靠邏輯）。你可以藉由了解何種決策流程適用於你們的情況，以及如何協助團隊彙整決策，以提升團隊在決策制定上的品質。

- 了解與管理團體動態。了解人們與群體是一項終身學習。你在這方面的技能將可協助你建立與培養高績效團隊，並打造出絕佳的回顧會議。

- 提升自我覺察（self-awareness）。自我覺察是個人效能（personal effectiveness）的基礎。當你對自己，以及自己在壓力下的反應有更多的了解時，就越不會出錯。理解自己的習慣性模式，是讓你不再下意識反應，而是能夠選擇適當反應的第一步。

- 建立與使用活頁掛紙。不要使用任何距離超過一英尺就無法看懂、字跡潦草的活頁掛紙！如果你與團隊一起工作，請學習如何以視覺化方式呈現資訊，這能協助團隊快速且有效地處理資訊。

這些技能適用於許多情況，而不僅僅是回顧會議。你對團隊流程的理解與幫助團隊成功的能力，也將有助於你個人的成功。

練習引導其他類型的會議。如果你是參加工作以外的活動，例如志工團體或其他組織，請主動出面引導會議或小組委員會。這是低風險的事，並且會為你帶來經驗。練習管理任何會議的動態，都可以為你在回顧會議的動態管理中帶來回報。

觀察其他人，看看誰能有效地領導會議、與團隊合作。觀察他們如何與其他人互動，以及當會議進行不順暢時，他們是如何應對的。你可能不想直接複製某人的實務做法，但可以分析你所觀察到的內容，並將它融入你的風格中。

學習引導技巧的最佳方式，就是透過他人的回饋來練習（Climbing the learning curve: Practice with feedback [Der02]）。進行引導時，請詢問你信任（並具備一些引導覺察能力）的人來觀察你的引導過程。如果你想要學習某個特定領域，請觀察者特別注意你該方面的引導內容。或者你也可以詢問你信任的觀察者，看看有沒有哪些地方是你自身沒有注意到的壞習慣。

有關增進引導技能的學習資源，請參閱第 195 頁的附錄 D〈學習引導技能的各項資源〉。

對於你目前所做的事情，你也許是專家。相較於大多數的軟體開發工作，引導需要不同的技能。引導也需要帶入不同的觀點。它需要時間和練習，以對新技能了然於心。給自己一點時間，管理好你預期的學習過程，並尋找導師。之後你將可檢驗與調適自己的引導方式。

Chapter 4

開場活動

開場（set the stage）讓團隊可以為回顧會議將進行的事情做好準備。開場可以很簡單，例如：檢視目標、檢視議程、報到，以及檢視工作協議等。當團隊需要更多的準備工作時，請運用下列活動。

亦請參閱第 145 頁的**溫度讀取**（temperature reading）活動，以及第 146 頁的圖 21：溫度讀取要素。

4.1 活動：報到

在迭代回顧會議中，可以運用**報到**（check-in）活動作為開場。

» 目的

協助成員拋開其他顧慮，專注於回顧會議上。並協助成員闡明他們想從回顧會議中獲得什麼。

» 所需時間

5 至 10 分鐘，取決於團隊規模。

» 說明

在歡迎參與者並檢視目標與議程之後，回顧會議帶領者會提出一個簡短的問題，並由每個人輪流回答。

» 步驟

1. 詢問一個每人都能用一個詞語或短句來回答的問題。

以下是一些可能的提問：

哪個詞能夠描述你在本次會議中的個人需求？

請以一兩個詞說明你現在的狀態為何？

請以一兩個詞說明你對回顧會議有什麼期待？

你心中關切的事情是？

注意：如果你採用此問題，也請詢問每個人需要做些什麼才能把這份顧慮先擱在一旁。有時候將顧慮寫下來，然後把它夾在書中或放入口袋，這樣可以幫助大家放下心中的顧慮。

如果你是一輛車，進入此回顧會議時，你會是哪種車？

注意：你可以使用許多不同的隱喻來搭配此問題——動物、物件、風味。但請留意不要使用會讓你的團隊覺得輕浮或愚蠢的隱喻。

每個人都可以對任何問題說「我跳過」，即使他們說「我跳過」，也要確保他們的聲音有被在場的人聽見。

2. 在會議室裡來回走動，傾聽每個人的回答。你可以感謝每個人（如果你這麼做，一定要確保你感謝了每個人）。避免提出像是「好」或者「完美」等等的評判性意見。

» 材料與準備工作

提前準備，並選好一個問題。

» 範例

有些團隊會選定四到五個情緒用詞，例如：快樂的、憤怒的、憂慮的、悲傷的，以及有希望的，讓每個團隊成員進行報到時，從中挑選一個詞彙來陳述他們的情緒狀態。當發生衝突或經歷失敗時，運用這類型的報到方式會很有幫助——因為這可以合理化你對於迭代相關事件所產生的強烈情緒。

4.2 活動：聚焦／不聚焦

在迭代回顧會議中，可以運用**聚焦／不聚焦**（focus on / focus off）活動作為開場。

目的

協助與會者建立有效溝通的思維模式。協助他們拋開指責與批判，以及對指責與批判的恐懼。

所需時間

8 至 12 分鐘，取決於團隊規模。

說明

在歡迎與會者並檢視目標與議程之後，回顧會議帶領者接著可說明何謂有效與無效的溝通模式。說明完這些模式後，與會者將接著討論這些模式對於回顧會議的意義。

步驟

1. 把與會者的注意力拉到**聚焦／不聚焦**的海報上（請參閱第 60 頁的圖 5：聚焦／不聚焦活動），並大致念過一遍 。
2. 將與會者分成數個小組，每組不超過四人。請每個小組挑選一對詞來進行定義及描述。如果超過四對詞或四個小組，那麼即使多個小組選擇相同的一對詞是可以的。
3. 請每個小組討論他們所選的一對詞是什麼意思，以及它們各代表什麼行為。讓他們描述每個詞對團隊與回顧會議可能帶來的影響。

4. 每個小組向整個團隊報告他們的討論結果。
5. 詢問大家是否願意留在左側欄位（**聚焦**的描述）上。

» 材料與準備工作

提前準備寫有「**聚焦／不聚焦**」等字的活頁掛紙。

» 範例

對於發布或專案回顧會議，可以此活動作為導入，以建立回顧會議的工作協議。許多團隊直接將**聚焦**的行為轉為工作協議，以改善他們的日常溝通。

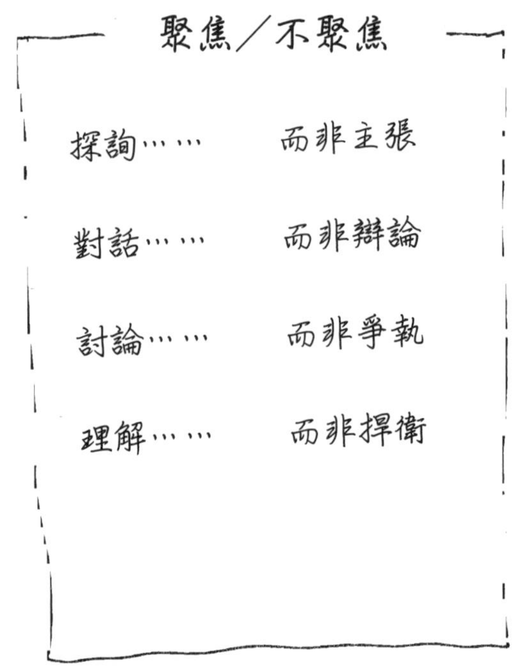

這是一個很棒的活動，可以將注意力專注在行為上，以及這些行為會如何影響團隊成員。

▲ **圖 5　聚焦／不聚焦活動**

4.3 活動：ESVP

在較長的迭代、發布或專案回顧會議中，可以運用 **ESVP** 活動作為開場。

» 目的

協助與會者專注於回顧會議上的任務，並了解他們對於回顧會議的態度。

» 所需時間

10 至 15 分鐘。

» 說明

讓每個與會者（以匿名方式）描述自己是以**探索者**（Explorer）、**採購者**（Shopper）、**渡假者**（Vacationer），或是**囚犯**（Prisoner）的心態來看待這場回顧會議，以上簡稱為 **ESVP**。回顧會議帶領者蒐集成員的回饋，並製作一張呈現這些資料的直方圖，而後引導成員討論此結果對於團隊的意義。

» 步驟

1. 說明你將進行意見調查，以了解大家如何看待他們在回顧會議的參與情況。
2. 向成員展示活頁掛紙，並定義這些詞彙：
    - **探索者**渴望發現新的想法與見解。他們想了解關於迭代、發布或專案的一切事項。
    - **採購者**將查看所有可得的資訊，並且很樂意帶著一個有用的新想法回家。
    - **渡假者**對於回顧會議中的事項並不感興趣，但很高興能夠遠離日常工作。他們有時可能會關注一下會議，但他們主要是很高興能離開辦公室。

- **囚犯**覺得他們是被迫參加的，他們寧願做其他事情。

3. 向成員分發一些紙條或小張索引卡，讓他們寫下今天在回顧會議中的心態，並指導大家將紙張對折，以保護隱私。

4. 當成員填寫完畢、對折之後，蒐集這些紙條，並將它們洗牌弄亂。

5. 當你朗讀紙條時，請一位與會者在直方圖上做個記號。每讀完一張紙條就放入口袋。當你讀完所有的紙條後，把它們撕碎並扔掉。要做得很明顯，這樣大家就知道沒有人能試圖從筆跡中辨別出誰做了什麼回應。

6. 詢問團隊「你們如何看待這些資料？」然後進行一場簡短討論，探討與會者的態度會如何影響回顧會議。

7. 最後小結時，可以詢問「這幾類心態與我們日常的工作態度有何相似之處？」

» 材料與準備工作

投票用的紙條或索引卡，以及鉛筆或原子筆。

用於製作直方圖的活頁掛紙。

» 範例

如果在場的大多數人都屬於**渡假者**，那這將會是個關於大家是如何看待此工作環境的有趣資訊。此時你可以靈活應變，把它作為回顧會議的主要議題。

在第 63 頁圖 6 的 ESVP 活動範例中，沒有人覺得自己像個**囚犯**。但是如果會議確實存在**囚犯**，建議他們可以選擇如何運用自己的時間，他們可以選擇是否參與會議。但如果他們選擇不參與，那麼此團隊將可能變得較不佳。

假使你在回顧會議中安排休息時間，不妨表明，如果休息過後，他們想重返會議，則表示他們選擇參加回顧會議——他們就不再是**囚犯**了。

如果你有事先做足功課，你可能就不會因為看見現場滿是**囚犯**而感到意外。就像有許多**渡假者**的情況一樣，如果團隊中的大多數人覺得他們是**囚犯**，那你就需要處理此狀況：如果不處理，你將在回顧會議中寸步難行。

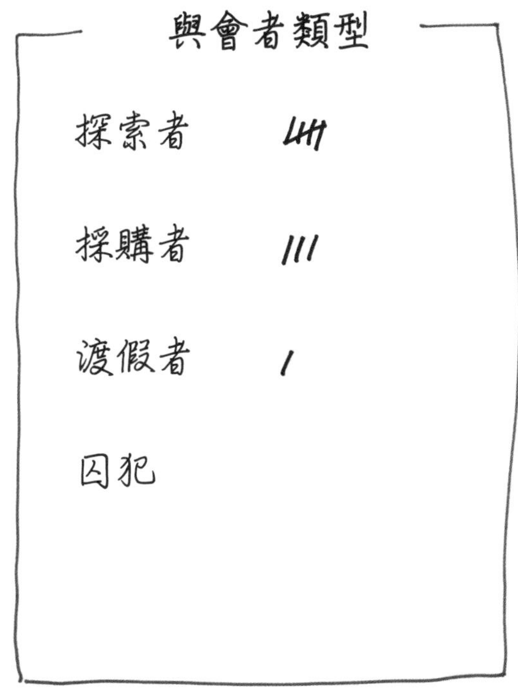

這是一個迭代回顧會議的完整直方圖，團隊中的大部分成員都有興趣在回顧會議中學習（**探索者**與**採購者**）。有一位**渡假者**——這是可接受的。

▲ 圖 6　ESVP 活動

4.4 活動：工作協議

在迭代、發布或專案回顧會議中，可以運用**工作協議**（working agreements）活動作為開場。

≫ 目的

建立一套能支持團隊進行有效討論的行為模式，並確保團隊成員會負責監視彼此的互動。如果團隊還沒有制定日常工作協議，可提供他們一些可能適用的協議選項。

≫ 所需時間

10 至 30 分鐘，取決於團隊規模。

≫ 說明

團隊成員一起為工作方面的有效行為集思廣益，接著挑選五到七個協議，以作為指引團隊互動或流程的協議。

≫ 步驟

在回顧會議帶領者歡迎與會者，並重申會議的目標與議程之後，團隊以兩人或小組形式（每組不超過四人）訂定可能適用的工作協議。每個小組會輪流報告他們最重要的工作協議提案。當蒐集完所有獨特的工作協議提案時，回顧會議帶領者會協助小組進行必要的修改，並選擇三到七個工作協議，以作為回顧會議期間的行為準則。

1. 說明此活動：「我們將為回顧會議制定一套工作協議，這樣每個人都可知道彼此對於團隊合作的期望為何。遵守協議是每個團隊成員的責任，如果注意到有人違反協議時向團隊提出，也是整個團隊的職責。制定協議的目的是為了幫助我們在回顧會議期間進行所需要的討論。」

2. 組成兩人或多人小組，每組不超過四個人。

3. 請每個小組制定三到五個工作協議，這些協議（被遵守時）將有助於團隊在回顧會議期間進行有效的討論。提醒小組，這些協議不是墨守成規——而應該是新的行為，或是那些小組成員還不習慣的行為。

4. 請每個小組輪流報告他們認為最重要的協議，並寫在活頁掛紙上，讓團隊成員寫下他們所使用的確切字詞。持續執行，直到你取得所有獨特的協議提案為止。

5. 向團隊說明，針對回顧會議，團隊應該選擇三到七個協議。超過七個，就會很難記住與遵守。

6. 如果協議的提案少於三個，可要求大家澄清每個協議。當所有人都理解時，即可為每個協議執行共識決的「拇指投票」：拇指向上 ＝ 我同意；拇指平舉 ＝ 我會支持小組的意願；拇指向下 ＝ 我反對。

7. 如果協議的提案超過七個以上，可使用圓點投票（dot voting）決定其優先等級。給每位團隊成員三種顏色的圓點進行投票，每個人可以將一個圓點放在三個不同的提案上，或將所有的圓點放在同一個提案上。依據投票的共識決，正式選出前五到七個提案。

» 材料與準備工作

活頁掛紙、麥克筆以及圓點貼紙。

» 範例

常常有人向我們詢問工作協議的典型範例，但是我們看不出工作協議其中的模式。每個團隊會制定出能反映他們獨特考量的工作協議。

Chapter 5

蒐集資料活動

蒐集資料（gather data）可以為迭代、發布或專案流程所發生的事情建立一個共同的畫面。沒有資料，團隊只能猜測有哪些地方需改變與改善。以下活動可以協助團隊審視與整合不同類型的資料。

5.1 活動：時間軸

在較長的迭代、發布或專案回顧會議中，可運用**時間軸**（timeline）活動蒐集資料。

›› 目的

激發出成員在工作增量過程中發生哪些事情的記憶。從多個觀點建立工作畫面。檢視誰在何時做了何事的各項假設。查看各個模式或能量層級何時發生了變化。**時間軸**活動可用於「只討論事實」或是事實與感受皆討論時。

›› 所需時間

30 至 90 分鐘，取決於團隊規模與工作增量的多寡。

›› 說明

團隊成員在卡片上寫下在迭代、發布或專案過程中難忘的、對個人有意義的或重要的事件等內容，然後依照事件發生（大致上）的順序，將卡片貼上。回顧會議帶領者將協助團隊討論這些事件，以便成員了解迭代、發布或專案過程所發生的事實與感受。

步驟

1. 開始此活動時可說明：「我們將以填寫時間軸（timeline）的方式建立迭代、發布或專案的全貌，而且我們希望能從多方觀點檢視它。」

2. 將團隊分成數個小組，每組不超過五個人。把合作密切的成員放在同一組（同質群組）。兩個小的同質群組會比一個大的群組更好。

   分發麥克筆、索引卡或便利貼。

   確保每個人都有一支麥克筆。這雖然聽起來很老套，但你仍需提醒成員筆跡清晰，這樣他們才能讀懂卡片。

3. 說明流程。

   請大家回想一下迭代、發布或專案，以及所有令人難忘的、對個人有意義的或重要的事件，並寫下它們，一張卡片或一張便利貼寫一件事。

   提醒小組此活動著重於讓他們看見各方觀點——所以他們不需要事先對什麼是難忘的、有意義的或重要的事件達成共識。如果某件事對某人來說符合上述的其中一點，那就足以寫下來。

   告訴成員他們有 10 分鐘可進行此活動。

   如果你使用顏色標記（請參閱「變化方式」），請解釋各個顏色所代表的意思，並把它標註清楚。

   提醒大家筆跡需要清晰。

4. 當成員開始談論所發生的事件，並書寫卡片時，請監督活動的進展。如果時間過了一半，但成員尚未開始書寫卡片，請提醒他們開始撰寫。當各個小組寫出一疊卡片時，就可以請成員開始張貼卡片（請參閱第 72 頁的圖 7：三個迭代回顧會議的時間軸）。

5. 當所有卡片都張貼後，請團隊順著時間軸看看其他成員所張貼的內容。若是他們想起更多的事件，可以在此時增加新的卡片。

6. 分析時間軸之前，建議先暫時休息一下或吃個午餐。

» 變化方式

以下是我們蒐集的幾種時間軸活動的變化方式。我們在各種方式中使用索引卡、便利貼、麥克筆，以及圓點貼紙來取出與事實及感受有關的資料。例如：

以顏色標記感受　為了同時蒐集事實與感受，可使用顏色代表情緒狀態。例如：

- 藍色 = 悲傷、憤怒、糟糕透了
- 紅色 = 挑戰、停滯
- 綠色 = 滿意、成功、有活力
- 黃色 = 謹慎、困惑
- 紫色 = 愉快、驚喜、幽默
- 橘紅色 = 疲憊、緊張

以顏色標記事件　使用顏色代表事件類型。例如：

- 黃色 = 與技術或科技相關的事件
- 粉色 = 與成員或團隊相關的事件

- 綠色 = 與組織相關的事件

以顏色標記職能　使用顏色代表各類職能。例如：

- 藍色 = 開發人員
- 粉色 = 客戶
- 綠色 = 品質保證與測試人員
- 黃色 = 技術撰稿人

以顏色標記主題　如果團隊想關注某些特定主題，可以使用顏色標示出與特定主題相關的事件。例如：

- 黃色 = 團隊溝通
- 藍色 = 設備使用情況
- 粉色 = 客戶關係
- 綠色 = 工程實務

你可以根據手上的卡片與便利貼，選擇自己的顏色方案。

職能泳道　以時間軸為背景繪製橫列泳道（假設你不打算直接在牆上張貼卡片，可使用緞帶或膠帶來劃分橫列），將每個部門或職能分成一列。各個小組只在他們自己的泳道中放置卡片。

內／外泳道　畫一條將背景縱向分成兩半的線。一半用於張貼團隊事件的卡片，另一半則讓參與專案但不屬於核心團隊的參與者使用。

參與／離開　使用一些特殊形狀代表專案成員——星形或人形剪紙都不錯。讓團隊透過在時間軸上張貼星形或人形剪紙，呈現他們在專案工作中的參與時間點。或者也可以為那些已經退出專案或不在回顧會議中的人，加上星形或人形剪紙。

» 材料與準備工作

麥克筆。索引卡或便利貼。圓點貼紙，或是一些其他可讓團隊重新排列事件卡片的隨手貼膠帶。遮蔽膠帶或是可以把紙黏在牆上的東西。

背景：以紙蓋住長長的一堵牆作為背景。你可以疊上活頁掛紙或紙卷軸。一個 6 英尺長和 30 英寸高的範圍大約適合呈現一週的迭代。對於更長的專案，你可能需要 30 ～ 60 英尺長及 4 ～ 6 英尺高的範圍。

請在回顧會議開始前把背景牆貼在牆上。

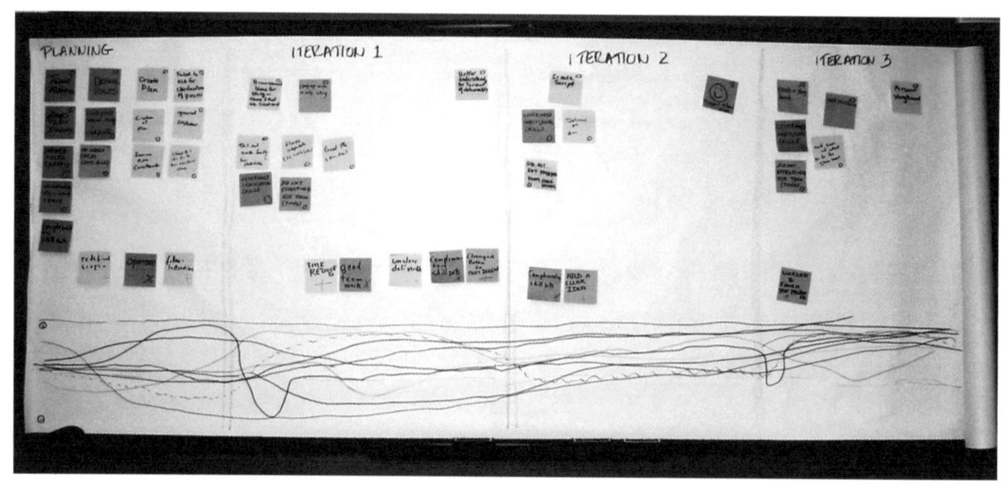

此團隊剛開始採用回顧會議，所以希望能進行更加久遠的回顧，而非僅回顧前一個迭代。

▲ 圖 7　三個迭代回顧會議的時間軸

（如果是發布或專案，則在時間軸上標示一些時間標記，例如：專案里程碑、月份或季度。）

範例

時間軸可呈現迭代、發布或專案中各種不同層次的資訊。它可以只是一份簡單地用白色索引卡按時間順序列出的事件清單。它也可以是豐富的資訊，包括：以顏色標記的各式主題、以卡片位置高低呈現不同的含意、以泳道代表不同的職能區域、以圓點顯示積極與消極事件，以及在底部以圖示顯示情緒的高低起伏。人們很容易被上述的變化方式沖昏了頭，並要求團隊建立一個帶有更多資料，且超出他們所能討論的時間或精力的時間軸。

當整個回顧會議只有一小時左右的時間時，請選擇一個剛好可顯示足夠資訊的時間軸。當然，需包括事實與感受，但每樣一種就好。請以回顧會議的目標作為最重要的指引。盡量簡化。

5.2 活動：三個五分錢

在迭代、發布或專案回顧會議中，可運用**三個五分錢**（triple nickels）活動蒐集資料或作為決定行動事項階段的一部分。

» 目的

產生行動方案或建議的各種想法，並發掘與專案歷程有關的重要議題。

» 所需時間

30 至 60 分鐘，取決於團隊規模。

» 說明

將與會者分成數個小組。在各個小組中，每位成員有五分鐘可以進行腦力激盪，並寫下自己的想法。五分鐘之後，每個人將紙張傳給他或她右邊的成員。該成員有五分鐘的時間可以基於紙張上已有的想法來撰寫自己的新見解。重複進行此步驟，直到紙張傳回到最初的撰寫者手上。

» 步驟

1. 開始此活動時可說明：「在此活動中，我們的目標是盡可能多的產出與『議題』有關的想法」，然後可以接著說明活動流程（請參閱上面的簡要說明）。

2. 將團隊分成數個小組，每組不超過五人。向成員分發紙張，讓他們可以寫下想法。確保每個人都有筆。並提醒大家筆跡需清晰，以利下一位組員能看懂這些想法。

3. 說明流程：在第一輪中，每個人有五分鐘可以寫下與該議題有關的想法。目標是至少五個想法。在接續的幾輪中，每個人將依據已寫在紙上的想法繼續發想出新想法，或者產出一些建立在這些想法之上的見解。

4. 為小組計時。五分鐘之後，響鈴並通知大家將紙張向右傳送。

5. 請每個人閱讀紙張上的想法。

6. 使用以下問題為這些活動進行小結：

   - 當你撰寫這些想法時，你注意到什麼？
   - 哪些想法讓你感到驚訝？哪些符合你的期望？請解釋。
   - 這些清單上缺少了什麼？
   - 我們應該進一步檢視哪些想法或議題？

團隊將運用所產生的想法進入下一個活動。

» 材料與準備工作

紙。筆或鉛筆。

» 變化方式

如果團隊只有七位或更少的成員時，則不需分組；可讓整個團隊一起進行活動，且紙張只需傳遞五次。

» 範例

假如團隊是由多位沉默寡言的開發人員，以及一兩位直言不諱的成員所組成時，透過三個五分錢（triple nickels）這樣的活動，不僅可以讓團隊成員有時間私下思考，同時也能讓他們參與整體團隊相互理解的發展過程。此活動還可以避免那些在小組中能侃侃而談的少數人主導討論。在三個五分錢活動中，每個人都有平等的機會為開發資料做出貢獻，當資料產出時，即使是比較沉默寡言的夥伴，通常也會對他們所寫或所讀的內容有些看法。

為了協助一個內部商業應用團隊的五位成員蒐集迭代的相關資料，回顧會議帶領者 Aswaria 向他們介紹三個五分錢活動。她把團隊中的 10 個人分成兩組，並發給他們紙張與筆。

「我將給你們每個人五分鐘，寫下我們在迭代期間發生的五個重要事件。請寫下你在過去 15 天內看到或聽到的事情。請保持筆跡清晰，以確保其他人可以看得懂。」

五分鐘之後，她說：「現在把你的紙張向右傳遞，並閱讀你拿到的紙張上的內容。你有五分鐘可以針對紙張上的內容增加細節或增加任何新的且有關的事件。」

團隊不斷傳遞紙張，直到每位成員收到他們原本的那張紙。此過程中，有些團隊成員會看著紙上的評論笑出來；有些成員會搖頭。為了維持活動所需要的「五項」主題，Aswaria 詢問了以下問題：「關於你讀到的內容，有哪五點讓你印象深刻？」「你對於哪五件事有最強烈的反應？」「最重要的五件事是什麼？」

等團隊完成討論後，她發給大家一些圓形貼紙，並讓成員們將紙張貼在她標記為「迭代歷程」的牆面上。

5.3 活動：顏色標記圓點

在較長的迭代、發布或專案回顧會議中，可將**顏色標記圓點**（color code dots）活動與時間軸結合使用，以蒐集與感受相關的資料。

目的

顯示成員在時間軸上所經歷過的事件。

所需時間

5 至 20 分鐘。

說明

團隊成員使用圓點貼紙在時間軸上，標示出讓他們自身感到情緒高漲或低落的事件。

步驟

當所有事件都標示在時間軸上，且團隊也已經快速檢視過，此時每位成員可以使用顏色圓點貼紙標示出他們感到士氣高漲或低落的地方（請參閱第 78 頁的圖 8：帶有顏色標記圓點的時間軸）。

1. 開始此活動時可說明：「我們已經看見了事實，現在讓我們來看看進行這項工作時的感受為何。」

2. 提供每位成員兩種顏色的圓點貼紙。每位先給 7 至 10 個圓點，但如有需要，還可提供更多。向成員說明哪種顏色代表士氣高漲，哪種顏色代表士氣低落。

3. 請每位成員以這些圓點標示出士氣高漲與士氣停滯、萎靡或低落的地方。

» 材料與準備工作

兩種顏色的圓點貼紙，直徑為 1/2 至 3/4 英寸之間。請決定哪種顏色代表士氣高漲，哪種顏色代表士氣低落。

» 變化方式

使用圓點表示正向或負向事件，而非高或低士氣。

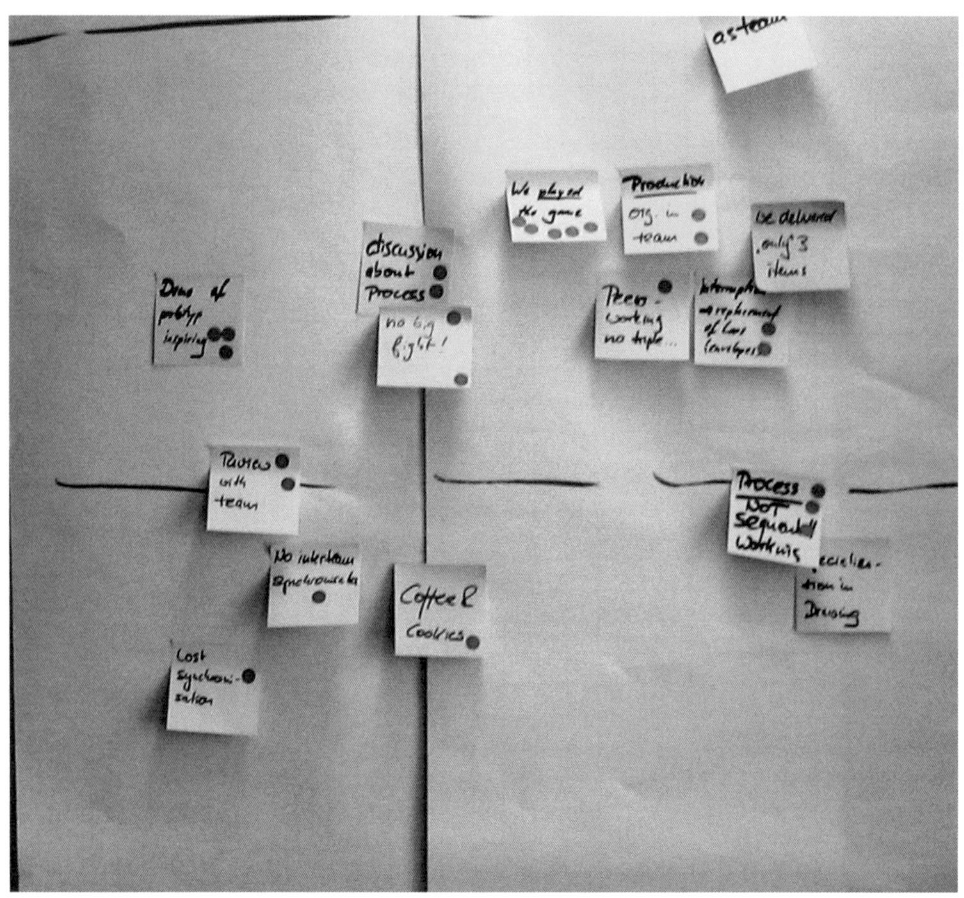

▲ 圖 8　帶有顏色標記圓點的時間軸

›› 範例

當時間有限時，此技術可以過濾需討論的議題：

1. 調查那些擁有許多高士氣或正向圓點貼紙的事件，以了解是什麼因素促成了此狀態。

2. 調查低士氣或負向事件，以了解是什麼因素導致該事件的發生，以及團隊是如何解決了此問題。

3. 檢視意見分歧之處（例如第 1 章的圖 2：Carly 的卡片），以了解不同的觀點。

5.4 活動：憤怒、悲傷、高興

在迭代、發布或專案回顧會議中，可運用**憤怒、悲傷、高興**（mad, sad, glad）活動蒐集任何與感受有關的資料。

» 目的

把感受到的事實攤開來討論。

» 所需時間

20 至 30 分鐘，取決於團體規模。

» 說明

每位成員使用彩色卡片或便利貼描述他們在專案中感到憤怒、悲傷或高興的時刻。

» 步驟

介紹此活動時可說明：「現在來看一下我們在此迭代／發布／專案期間的感受，並讓我們看看是否可以找出一些令人滿意及不滿意時間點的根源。」

1. 請成員注意這三張標示著「憤怒」、「悲傷」、「高興」的海報，以及以顏色標記的範例卡片。將彩色卡片或便利貼放在每個人都可以拿到的地方。並提供成員麥克筆。

2. 說明流程，並給出時間限制。

   「請以 ____ 分鐘寫下在這個迭代／發布／專案中，你感到憤怒、悲傷或高興的時刻／事件。每張卡片寫一個事件（event）或事故（incident）。筆跡需清晰。」

3. 時間結束時，請通知成員，並請他們將卡片貼在相對應的海報上。當成員想起更多事件時，可以增加更多的卡片。

4. 為每張海報上的卡片進行分類。走到第一張海報旁，選擇一張卡片，並讀出其內容。然後把它放在另一張卡片旁邊，並且詢問大家：「這兩張卡片是關於同一件事嗎？」團隊會告訴你哪些卡片是相似的。持續此步驟，直到每張海報上的所有卡片都完成分類。

5. 請團隊為每一個分類命名。使用另一張卡片寫下標題。你可以在卡片外圍畫上框線，或者用不同顏色的卡片來區分標題。

6. 使用以下問題為這些活動進行小結：

   - 當你觀看這些卡片時，哪些內容讓你印象深刻？
   - 在這些卡片當中，有哪個不在預期中？這項任務的困難點是什麼？什麼部分讓你覺得是正向的？
   - 在這些分類中你看到了什麼模式？對團隊而言，這些模式有什麼樣的意義？
   - 對於下個步驟，這些卡片對我們提供了什麼建議？

» 材料與準備工作

活頁掛紙或是其他可以張貼海報的平面。三張海報，分別標示「憤怒」、「悲傷」與「高興」。如果你的團隊大於十個人，每個類別可能需要準備兩張活頁掛紙。

三種顏色的索引卡或便利貼。為每種顏色做一張範例卡片，讓大家可看到顏色標記的做法。你可以只使用一種顏色的卡片來進行此活動，但是不同顏色的視覺衝擊會更強。

麥克筆。

» 變化方式

與其使用情緒性的字詞，不如製作一張標示「自豪」(proud)，以及另一張標示「懊悔」(sorry) 的海報。請團隊成員寫下卡片，分別代表著他們在迭代中感到自豪的事件與其影響，以及感到懊悔的事件及其影響。

» 範例

這項活動可揭露回顧會議中的情緒。寫下關於某個事件的「憤怒」卡片，比說出「當發生某某事時，我很生氣。」更加容易。

當出現受傷的感覺或是衝突時，請改用「自豪」與「懊悔」方式。寫一張卡片表示某人對某件事感到懊悔，比直接道歉或承認錯誤來得容易。而且奇妙的是，與其指責或承認錯誤，寫卡片更可以表達你的懊悔之意，從長遠來看，它更有利於團體關係。

5.5 活動：定位優勢

在較長的迭代、發布或專案的回顧會議中，可運用**定位優勢**（locate strengths）活動蒐集與事實及感受相關的資料。而後可以進行**辨識主題**（identify themes）活動來產生洞見。

目的

找出優勢，讓團隊可以在下一個迭代中運用此優勢。當某迭代、發布或專案進行得不順利時，進行此活動可提供心理上的平衡。

所需時間

定位優勢活動需要 15 至 40 分鐘，取決於訪談時的問題數量。允許多 20 至 40 分鐘來進行**辨識主題**活動。這兩個活動共需 30 至 90 分鐘。

說明

團隊成員針對專案中的最佳狀態進行相互訪談。其目標是為了了解創造這些最佳狀態的來源及條件（Appreciative Inquiry: Change at the Speed of Imagination [WM01]）。

步驟

介紹此活動時可說明：「我們透過提問來學習。我們在提出最多問題的事情上，往往也學得最多。由於我們想了解如何才能有成功的迭代（發布或專案），所以讓我們花點時間相互詢問那些與最佳狀態有關的問題。」

1. 將成員兩兩配對。如果可以的話，把不了解對方工作內容或沒有常常一起工作的成員組成一組。如果成員是奇數，就讓其中一組為三個人。然後將訪談的問題發給大家。

2. 說明訪談流程：

   - 保持好奇心。
   - 全神貫注於發言者。
   - 做筆記，以記住重點。
   - 傾聽故事與摘要，以利分享。
   - 這不是對談——訪談者提出問題並傾聽，且不摻雜自身的意見。

   當第一場訪談結束後，對調角色。

3. 由結對的兩人自行選擇誰先擔任訪談者。監控時間，當時間過了一半時，發出鈴聲或發出通知，並說：「如果你們還沒有開始進行第二輪訪談，請盡快開始。」

4. 在訪談結束時，接續進行**識別主題**活動。

» 材料與準備工作

提前準備好問題，並製作足夠的副本，讓每位成員都有一份。

請依循以下方式提問：

- 是什麼吸引他或她選擇此職業或加入了這間公司？
- 他或她在迭代／發布／專案的最佳狀態中的出色表現為何？
- 是什麼讓它成為了最佳狀態？

- 還有誰在場，以及當時的情況為何？
- 對於未來專案的期望為何？

›› 範例

以下是某訪談範例：

「請告訴我，是什麼吸引你來到了這家公司。」

「在每個發布（迭代或專案）中，最佳狀態通常發生在一瞬間。回想一下我們的上一個發布。（停頓一下）告訴我其中一個關於你的最佳狀態故事。」

「當時的情況是？」

「還有誰做出貢獻？」

「如果你有三個願望能讓我們下一個 [迭代／發布／專案] 更好，那會是什麼？」

像這樣的訪談，每個人大約需要 15 分鐘。增加更多的問題會延長訪談時間。如果你想增加問題，請遵循相同的訪綱，以探索更多有關最佳狀態的細節。

當人們感到無助時，這是一項很好的活動。此活動可以協助他們記得，即使是令人沮喪的迭代也會有美好的時刻。專注於最佳狀態，有助於成員覺察關於重新創造最佳狀態背後的條件。問題仍會出現，但他們可以藉此減少憂鬱及怨恨的情緒。

5.6 活動：滿意度直方圖

在迭代回顧會議中，可運用**滿意度直方圖**（satisfaction histogram）活動進行開場與／或蒐集資料。

» 目的

強調團隊成員對於某重要領域的滿意度。提供該特定領域目前狀態的視覺化圖示，以協助團隊進行更深入的討論與分析。認可團隊成員之間的觀點差異。

» 所需時間

5 至 10 分鐘。

» 說明

團隊成員使用直方圖來衡量個人與團體對於實務及流程的滿意度。

» 步驟

1. 介紹此活動時可說明：「我們今天將建立一項基準，用於衡量我們對於團隊合作的滿意度。我們可以在未來的迭代回顧會議上重覆這項活動，以追蹤我們的進展。」

2. 向團隊展示活頁掛紙、介紹所定義的事項，並分發索引卡或其他類似的小紙條給每位團隊成員。

   「請在你的卡片上寫下一個數字，以說明你現在對於團隊的滿意度。然後把卡片折起來，堆放在這裡。」

3. 攪散這堆卡片，然後請一位志願者在你宣讀卡片內容時將此圖表上色。宣讀每張卡片上的數字。等待所有的卡片都計數完成，再往下進行下一個步驟。

4. 說明圖表上的結果，並詢問大家的意見。

你可能會提出以下看法：「我們似乎有三個人對此團隊非常滿意，有兩位則不太滿意，其餘的人則介於中間。隨著回顧會議的持續進行，當我們在為後續迭代選擇實驗時，可將這些結果牢記於心。我們將於幾個迭代之後再回頭審視，以便再次衡量滿意度。」

材料與準備工作

準備兩張活頁掛紙。在其中一張活頁掛紙上，以降序方式寫下數字 5 到 1，並附上相對應的定義或你自身的變化方式（請參閱第 88 頁的圖 9：滿意度等級的定義）。在另一張活頁掛紙上，畫出一排方框，並在左邊空白處寫下數字 5 到 1，以便你統計滿意度時填寫（請參閱第 89 頁的圖 10：滿意度直方圖）。

變化方式

對於滿意度直方圖，評估流程只是其中的一種範例。其他的範例可以是產品品質、團隊外部的互動或工程實務。

我們可變化之處　運用變化方式為回顧會議進行開場。更改這五個定義，並詢問團隊成員對於迭代的整體滿意度，或是詢問他們對於一天的開始是否滿意。

例如：

- 「5 ＝今天開始的方式，可能是我一生中最美好的一天。我非常滿意。」
- 「4 ＝今天我有一個良好的開始。到目前為止，我對此相當滿意。」

- 「3 ＝今天開始得不錯。我對此還算滿意。」
- 「2 ＝這天的開始比多數日子都糟糕。我只對此稍微滿意。」
- 「1 ＝我心情不好，而且一切都進展的不順利。我對今天的開始並不滿意。」

» 範例

此活動是一種不需要使用與感受相關的詞彙，就可以快速且輕鬆挖掘出情緒資訊的方式。運用兩種直方圖來評估不同的因素可能會很有趣，例如對於產品的滿意度，以及對於流程的滿意度。某個我們曾經合作過的團隊對於他們的流程非常滿意，但對最終產品並不滿意。另一個團隊則正好相反：他們對產品感到滿意，但對於他們在產品上達成優異成果的方式並不滿意。

我們對於團隊合作的滿意程度是？

5＝ 我認為我們是世界上最棒的團隊！我們合作得非常棒。

4＝ 我很高興身為團隊的一員，我對團隊的合作很滿意。

3＝ 我相當滿意。大多數時候我們都合作得很好。

2＝ 有些時候我感到滿意，但還不夠。

1＝ 我對於團隊的合作水準感到不悅且不滿意。

▲ 圖 9　滿意度等級的定義

在第一種情況下，團隊成員一直隱藏他們對於產品的不滿，以避免傷害感情。看到直方圖之後，大家反而可以坦誠地討論先前是如何避免衝突的。在接下來的幾個迭代中，彼此之間更加直率坦誠。兩個月後，當團隊重新審視他們的滿意度時，他們對這兩項衡量結果都更加滿意了。

第二個團隊（對產品滿意，但對流程不滿意）檢視他們的工程實務，以及他們先前是如何造成缺陷與額外的工作。他們也找到了一些實驗來改善這些工程實務。

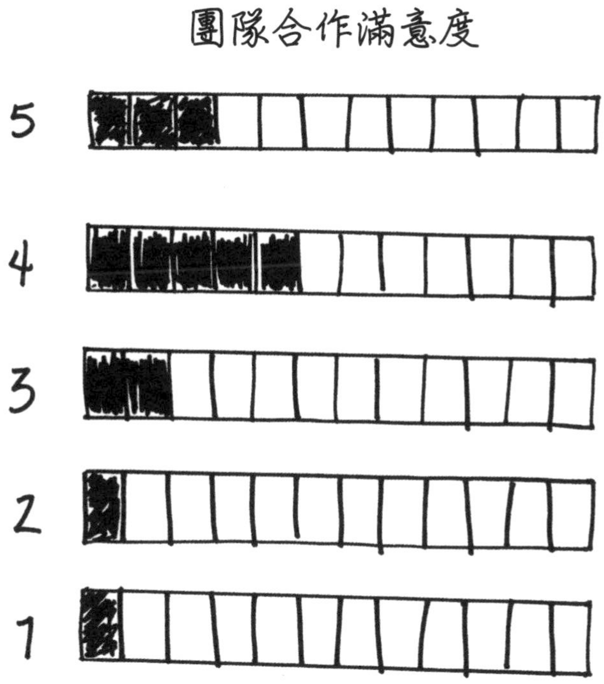

團隊合作滿意度

5
4
3
2
1

此直方圖所顯示的資料能為團隊提供一個機會，讓他們得以討論他們對於團隊合作程度的不同看法。

▲ 圖 10　滿意度直方圖

5.7 活動：團隊雷達圖

在迭代、發布或專案回顧會議中，可運用**團隊雷達圖**（team radar）活動蒐集資料。

» 目的

協助團隊評估他們在各種衡量標準上的表現，例如工程實務、團隊價值觀或其他流程。

» 所需時間

15 至 20 分鐘。

» 說明

團隊成員可針對他們想檢視的流程或開發實務的特定因素，進行個人與團隊評分的追蹤。

» 步驟

1. 介紹此活動時可說明：「我們同意這些 [請填入一些因素] 對我們的工作很重要。讓我們以 0 ～ 10 評分我們做得如何。0 表示最差，10 表示最佳。」

2. 張貼畫有空白雷達圖的活頁掛紙。請每一位團隊成員走向這張圖表，並貼上圓點或其他標記，以顯示他們對於每個因素的評分。

3. 帶領大家進行一場簡短的討論，探討這些因素是如何影響團隊工作。以下是一些你可以考慮提出的問題：

- 你從哪裡看出我們遵守了這些 [請填入因素] ？
- 你從哪裡看出我們沒有遵守這些 [請填入因素] ？

以這樣的簡短討論，作為進入產生洞見活動的轉場。

4. 保存完整的活頁掛紙圖表。在兩三個迭代之後，再次進行此活動。比較兩張圖表，以衡量專案的進展。

›› 材料與準備工作

活頁掛紙或白板。麥克筆。

如果你事先知道團隊將在雷達圖上評估哪些因素，可以先畫上這些輻射線並標註好評估事項（請參閱第 92 頁的圖 11：團隊雷達圖）。若是團隊將在回顧會議中進行腦力激盪，請在會議進行時再畫上雷達圖即可。

團隊價值觀

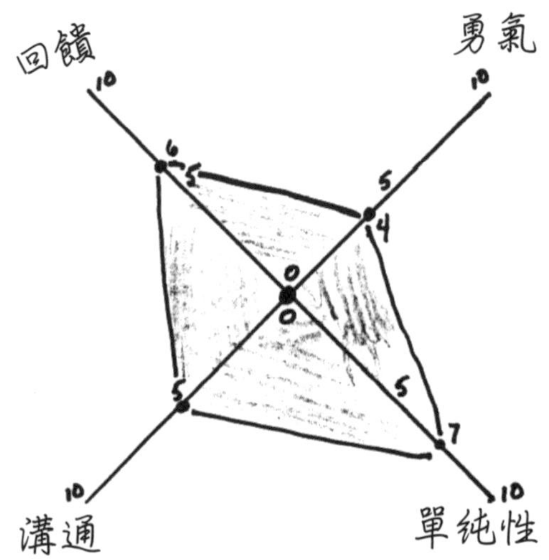

0 = 無绩效可言

10 = 完全符合高绩效

此團隊使用**團隊平均雷達圖**（group average radar）來衡量他們遵循團隊價值觀的程度。

▲ **圖 11　團隊雷達圖**

» 變化方式

你可以運用此活動衡量許多不同的因素，例如：工程實務、團隊價值觀、工作協議，以及方法等。

團隊平均雷達圖　　此變化方式是針對特定的衡量指標進行持續性的衡量。運用雷達圖計算每項衡量指標的團隊平均數值，而不是蒐集個人的回應。

發給每位團隊成員一組彩色卡片，每個顏色代表一項衡量因素。請每個人針對每項因素進行 0 ～ 10 的評分，然後將卡片交給你。當你收到卡片時，將卡片（包含所有顏色）重新洗牌，這樣大家就不會知道哪張卡片來自於哪位特定團隊成員。

徵求一名團隊成員協助計算平均值，並將平均值標示在雷達線上。連接這些點，並將線框內的區域上色（是否上色可自行決定）。

為每位團隊成員準備一套包含不同顏色的索引卡。在每種單一顏色的卡片上寫下一個衡量因素的名稱。如果你正在衡量團隊價值觀（例如第 92 頁的圖 11：團隊雷達圖），所有的綠色卡片都會寫上「溝通」，所有的藍色卡片都會寫上「勇氣」，依此類推。每位團隊成員都會收到一組包含所有衡量因素的卡片。

» 範例

團隊雷達圖是一種可引發討論的主觀性衡量方法。當你懷疑團隊中沒有通用的定義或標準可用來衡量時，這會是特別有用的方法。

舉例來說，某個團隊運用雷達圖來檢視團隊成員如何看待他們對於各項工程實務的運用，包括重構。其中一位團隊成員對於他們的重構給了 8 分的評價，而另一位則給了 3 分。在隨後的討論中可以清楚看到，每位成員對於何時要重構有不同的看法。此外，給重構低分的團隊成員對那位給重構高分的團隊成員感到不滿，因為她認為這位給高分的成員「偷懶且重構得不夠」。在回顧會議結束時，團隊達成了對於重構的共識。在接下來的幾個迭代中，團隊在重構的時間上更加地一致，不滿的情緒也逐漸消退。

5.8 活動：同義詞配對

在迭代、發布或專案回顧會議中，你可以運用**同義詞配對**（like to like）活動蒐集資料。

» 目的

協助團隊成員回想他們在迭代（發布或專案）中的經驗，並聽聽其他人是否有不同的看法。

» 所需時間

30 至 40 分鐘。

» 說明

團隊成員輪流評斷哪些與迭代有關的事件或因素最符合這些特質卡。在評估這些卡片的同時，團隊成員可以了解彼此對於相同事件或情況的不同觀點。

» 步驟

1. 請每位團隊成員寫下至少 9 張索引卡，用來進行**同義詞配對**（like to like）遊戲：在三張或更多的卡片上寫下應停止的事，在另外三張或更多的卡片上寫下應繼續做的事，在其他三張或更多卡片上寫下應開始做的事。當團隊成員撰寫卡片時，為彩色「特質」卡洗牌，並將卡片的正面朝下，平放在桌上。

2. 當這些遊戲卡都準備好時，邀請團隊圍繞著桌子站好。挑選一位成員擔任「裁判」，並開始此遊戲。「裁判」翻出一張「特質」卡，並將卡片的正面朝上，平放在桌上。其他所有團隊成員在他們的遊戲卡中，找出最接近該「特質」卡內容的那張卡，並將他們的卡片正面朝下蓋在桌上。最後蓋的那張卡將被取消資格，並回到其擁有者的手上。這樣遊戲才能得以繼續進行。

3. 「裁判」攪散玩家們的卡片，一次翻開一張卡片，然後讀出其內容。團隊成員選出與該「特質」卡最相配的卡片。撰寫此卡片的成員贏得該「特質」卡。

4. 將「裁判」角色向左傳給下一位成員，然後翻出另一張「特質」卡。在第六到第九輪之後（或者當每個人都用完卡片時），遊戲結束。擁有最多「特質」卡的人獲勝。

5. 以四步驟法為活動進行小結。

材料與準備工作

購買或借用一套蘋果派對（Apples to Apples）卡牌遊戲，並與你的朋友或家人一起玩，以了解同義詞配對這個遊戲。

向參與者提供空白的索引卡（每人至少 9 張）。

準備一組大約 20 張黃色（或其他顏色）的「特質」卡。在每張卡片上寫上一個詞語。這些卡片上寫著**有趣的、準時的、清楚的、有意義的、經濟實惠的、完整的、教育的、有天賦的、流暢的、酷的、快速的、協作的、令人讚嘆的、值得信賴的、危險的、令人沮喪的、怪異的、令人討厭的**或其他詞語。當中包括一些「嚴肅」的詞語，像是準時的，以及一些「有趣」的詞語，像是酷的或令人討厭的。這讓此遊戲的可預測性降低，而變得更具洞察力也更加有趣。

» 變化方式

對於極限程式設計專案，可將此遊戲與**產業邏輯**[1]極限程式設計卡結合起來。將極限程式設計卡發給成員，讓他們直接進行遊戲，而不是寫下屬於他們自己的卡片，也就是「以 XP 卡片呈現這些特質」。（因此，如果那週的會議進行不佳，那麼團隊成員可能會在「令人沮喪的」卡片上配對「規劃遊戲」卡，若進行順利，就不會配對「整合花掉太多時間」卡）

» 範例

某個開發儲存解決方案軟體的團隊，在他們的發布回顧會議中進行了同義詞配對遊戲。團隊成員發現，關於溝通以及實驗室流程的遊戲卡始終配對到不理想的特質卡。當「裁判」做決定時，以及團隊成員挑選遊戲卡時，他們都提到決策是如何制定與溝通的。

在規劃下一個發布的行動項目時，團隊成員列出三大優先事項：改善與核心團隊對於期望的溝通、增加與內部客戶的聯繫，以及讓新的團隊成員更快地跟上進度。他們還向管理層提出了以下建議：啟動新的分散式專案團隊時，最好能先進行一次面對面會議。

---

1 www.industriallogic.com。

Chapter 6

產生洞見活動

6.1 活動：腦力激盪／篩選

6.2 活動：力場分析

6.3 活動：五問法

6.4 活動：魚骨圖

6.5 活動：模式和轉換

6.6 活動：以點數排序優先等級

6.7 活動：綜合報告

6.8 活動：辨識主題

6.9 活動：學習矩陣

產生洞見（generate insights）讓團隊有時間評估他們的資料，並從資料中產生有意義的資訊。這些活動可以協助團隊解讀資料、分析資料、產生洞見，並發掘改變的背後意涵。

6.1 活動：腦力激盪／篩選

在迭代、發布或專案回顧會議中，可運用**腦力激盪／篩選**（brainstorming/filtering）活動，以產生洞見。

» 目的

產生大量想法，並根據事先定義好的標準對其進行篩選。

» 所需時間

40 至 60 分鐘。

» 說明

團隊成員運用傳統的腦力激盪產生一些想法，然後檢測每個想法是否適用於目前情況。

» 步驟

1. 介紹此活動時可說明：「因為我們需要強迫自己超越習慣性思維，所以接下來我們將花一段時間進行腦力激盪。一旦我們產生新的方法，我們將篩選這些想法，並找出那些最適合我們情況的想法。」

2. 說明腦力激盪的指導方針（請參閱第 100 頁的圖 12：典型的腦力激盪指導方針）。

要求團隊提出 50 個想法，並設定時間限制，通常以 10 至 15 分鐘為主。

3. 運用以下三種方法之一來進行腦力激盪：

- **腦力激盪法 1**：自由發言。人們可以自由地隨意提出想法。
- **腦力激盪法 2**：依序輪流。人們圍成圓圈依序傳遞一個「發言牌」。只有拿到發言牌的人才能發言。不過，輪到自己時若選擇跳過也是可以的。
- **腦力激盪法 3**：給人們 5 至 7 分鐘的時間，讓他們可以安靜地獨自發想與寫下想法。時間到了之後，請接著使用腦力激盪法 1 或 2。
- 監控時間，並在時間到時喊停。

4. 詢問團隊應採用何種標準篩選想法。先接受四至八個建議，接著進行討論，然後舉手投票，選出最適合的前四項。之後在另一張活頁掛紙或白板上列出這四項標準。

腦力激盪指導方針

- 力求量多—最初提出的想法很少是最棒的想法。
- 提出所有的想法，無論有多麼瘋狂；皆不做任何修改。
- 可以是離譜的、好笑的、狂野的、有創意的。
- 建立在他人的想法之上。
- 不評斷、評價或批評。後續再進行篩選。
- 為這些想法建立一個視覺化的記錄。

▲ **圖 12　典型的腦力激盪指導方針**

5. 一次使用一個標準來篩選腦力激盪清單裡的想法，劃掉那些沒有通過篩選標準的想法，並標示出通過所有篩選標準的想法。請使用不同的顏色代表各項篩選標準。

6. 找出那些通過全部四項篩選標準的想法。

7. 徵求成員針對這些想法提出評論。詢問團隊有哪些想法是他們想要推行的，並詢問是否有人有強烈的意願想負責其中的一些想法。如果成員有很強的意願，那麼推行此想法將是一個不錯的選擇。否則，就採用簡單的多數表決法即可。

8. 將選定的想法帶入下一個階段，**決定行動事項**。

材料與準備工作

寫著腦力激盪指導方針的活頁掛紙。空白活頁掛紙或用於捕捉想法的白板。麥克筆。

可能的篩選範例。

提前選定最適合你團隊的腦力激盪法。

範例

腦力激盪是一個存在已久的方法，並且已有許多人知道這項方法。傳統的腦力激盪（**腦力激盪法 1**）的問題，在於它有利於那些能自然而然把想法說出口的人，也有利於那些樂於在團體中公開表達自己想法的人。但此方法會忽視掉許多聰明、有創造力的人。

腦力激盪法 2 可以協助那些不習慣在群體公開表達的人能夠參與其中，並為那些還沒有產生任何想法的人留有逃脫（說「跳過」）的機會。

腦力激盪法 3 可以協助那些需要時間整理思緒的人（例如 Esther），讓他們有時間思考，進而為參與**腦力激盪法 1** 或 **2** 做好準備。

此活動的第四種變化方式是運用**腦力激盪法 3** 所產生的想法，並將它們寫在卡片上。在**腦力激盪法 3** 之後，成員可將他們的想法寫在卡片上，然後交給回顧會議帶領者，由此人張貼這些想法，並向大家宣讀。這樣一來，即使是最安靜的人也可以將自己的想法寫在卡片上，以供他人觀看。

6.2 活動：力場分析

當你在發布或專案回顧會議中進行產生洞見活動，並提出改變建議時，可以結合使用**力場分析**（force field analysis）活動。在決定行動事項時，也可將此活動作為規劃練習的一部分。

» 目的

檢視組織中有哪些因素將支持所提議的改變，哪些因素將阻礙這項改變。

» 所需時間

45 至 60 分鐘，取決於問題的複雜性與團隊規模。

» 說明

團隊定義他們期望達成的理想狀態。各個小組努力找出那些可能會抑制或驅動他們想改變的因素，這些因素會列在海報上；然後由團隊評估各項支持因素之間的相對強度，並對抑制因素也進行同樣的流程。最後，團隊討論他們可以影響哪些因素——增加支持因素的強度或降低抑制因素的強度。

» 步驟

1. 介紹此活動時可說明：「如果我們希望這項改變能夠成功，我們需要更加了解支持或抑制這項改變的各項因素。」

2. 說明流程。

   分成數個小組（一組不超過四個人）。

「每一組有 ____ 分鐘來找出將能驅動或支持這項改變的各個因素。」

「我們將依序請各小組報告你們的發現，並將結果張貼上來。然後我們也會對制約或抑制因素重複此流程。」

「在我們列出這兩組因素之後，我們將評估它們的相對強度，並討論哪些行動方案最能幫助實現我們想要的改變。」

3. 監控時間及活動層級。

   當小組進行活動時，你可以準備一張活頁掛紙，例如第 105 頁的圖 13：力場分析（但不要填上因素）。

4. 當小組完成第一個任務（辨識支持或驅動因素）時，以輪流的方式蒐集小組所產生的資訊，一次詢問一個因素。不需要列出重複出現的因素，只需蒐集獨一無二的因素即可。

5. 重複上一個步驟，找出各項制約或抑制因素。

6. 把整個團隊聚在一起，檢視每一項因素，並衡量其相對於其他因素的強度。往中心畫一條線，用箭頭表示其相對強度。先畫驅動因素，再畫制約因素。

7. 檢視這些因素，以找出最有效的行動方案：

   - 詢問團隊如何強化驅動因素或減少制約因素。
   - 詢問團隊，需要增強驅動因素，還是減少制約因素才更有可能達到我們的預期狀態。

» 材料與準備工作

活頁掛紙或白板。麥克筆。

可以從建議的改善清單或是另一個產生洞見活動，例如：**五問法**（five whys）或**魚骨圖**（fishbone），以找出需要分析的問題。

» 範例

力場分析是另一種用於確保團隊在回顧會議中所辨識出的改變是能夠發生的工具。你可以將力場分析圖，以及影響與控制的討論結合使用。為求改變，團隊可以直接控制什麼？他們不能控制的是什麼？在這種情況下他們有多少的影響力？大多數團隊對於環境的影響能力，都比自己所想像得還要強；然而，團隊需考量以最有效的方式及時間來發揮他們的影響力。力場分析可以讓他們找到最佳的平衡點，有時還可讓他們了解，雖然改變現況所花的努力可能比他們預期得到的結果還要多，但卻是值得的。另外，他們可能還會看清那些聯合起來的反對力量，但仍決定無論如何都要解決此問題。

某個團隊在回顧會議上表示想要改變他們與 Product Owner 的互動方式。他們對於迭代過程中有限的接觸與交流感到不滿。Product Owner 總在幾天過後才回覆問題。

在他們透過繪製力場分析海報分析情況之前，他們已經知道 Product Owner 的出差行程與可用時間並不在他們的掌控範圍內。之後，他們還發現，也許可以透過向行銷副總裁說明他們的擔憂，以發揮最大的影響力，然而行銷副總裁也是一位有著繁忙出差規劃的人。

他們認為找到副總裁所需花費的團隊心力將超出他們的負荷。因此取而代之的是，他們制定計畫，充分善用其他幾位可以聯繫上的 Product Owner。

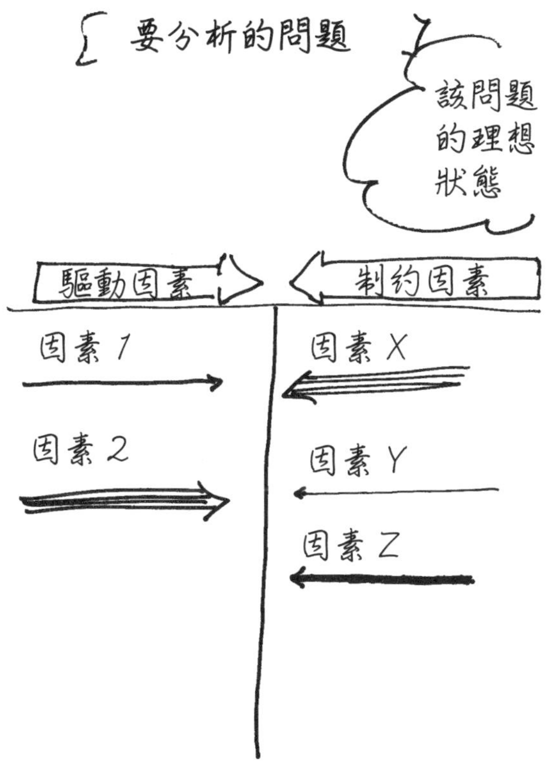

力場分析有助於團隊檢視各項因素是如何影響所提議的改變。

▲ 圖 13　力場分析

6.3 活動：五問法

在迭代、發布或專案回顧會議中，可以運用**五問法**（five whys）活動，以產生洞見。

» 目的

發現導致問題的潛在條件。

» 所需時間

15 至 20 分鐘。

» 說明

團隊成員以結對或小組形式檢視問題。他們藉由詢問 5 次「為什麼？」來突破習慣性思維。

» 步驟

介紹此活動時可說明：「現在我們已經知道發生了什麼事，讓我們看看為何會發生這些事。」

1. 檢視團隊已辨識出的問題及事件。
2. 將團隊成員分成兩兩一組或數個小組（一組不超過四個人）。然後說明此活動的流程。

   「由一位成員詢問其他成員為什麼會發生此事件或問題。」
   「針對所得到的回覆，提問者繼續詢問為什麼會這樣。」
   「記錄第四次或第五次『為什麼』的回應內容。」

3. 監控時間，並以響鈴聲或其他方式宣布時間到了。

4. 請各個小組報告他們的發現。

5. 將這些資訊做為進入下一個階段，**決定行動事項**的投入。

材料與準備工作

在進行找出事件或潛在問題清單活動時，例如：進行模式和轉換（patterns and shifts）時，可以結合使用此活動。

範例

舉例來說，假設我們遇到的問題是迭代審查會議從未準時開始。

問題 1：為什麼星期四的審查會議延遲開始？
答案：當時沒有會議室可以使用。

問題 2：為什麼沒有會議室可以使用？
答案：我們忘記預訂會議室。

問題 3：為什麼我們忘記預訂會議室？
答案：Charlie 請了病假，而且會議室一向是由他負責預定的。

問題 4：為什麼只有 Charlie 一人負責預訂會議室？
答案：因為我們並不認為這件事情有多重要。

問題 5：為什麼我們認為預訂會議室這件事不重要？
答案：我們之前並不清楚安排會議室這件事會浪費我們這麼多的時間。但現在我們了解了。我們應該將這項工作加到我們的審查準備檢核單中。

6.4 活動：魚骨圖

在較長的迭代、發布或專案回顧會議中，你可以運用**魚骨圖**（fishbone）活動，以產生洞見。

» 目的

檢視過去的症狀以找出與問題有關的根本原因。找出問題與失敗的背後原因。

» 所需時間

30 至 60 分鐘。

» 說明

團隊找出造成問題或影響問題情況的各項因素，然後再找出最可能的原因。當找出最可能的原因之後，他們將尋找改變或影響這些因素的方式。

» 步驟

1. 畫出魚骨圖（請參閱第 110 頁的圖 14：魚骨圖），然後將問題或議題寫在魚頭上。魚身則包括五個 W——何事（what）、何人（who）、何時（when）、何地（where），以及為何（why）。並在魚的「骨頭」上標示類別。

   典型的類別如下：

   - 方法、機器、材料、人員指派（以前常稱為人力）。
   - 場地、程序、人員、政策。
   - 環境、供應商、系統、技能。

   你可以任意組合這些類別，或是由團隊找出他們自己的分類方式。

2. 在每個類別進行腦力激盪，以想出各種因素。透過詢問「有哪類議題［填入議題的類別］會導致或影響［填入問題］」。對每個類別重複此步驟。把議題寫在魚骨上，或者讓人們把這些議題寫在小張便利貼上，然後再貼到魚骨圖上。

3. 持續問「為什麼會發生此問題？」

   如有需要，可在魚骨上添加更多的魚骨分支。

   當原因超出團隊的控制或影響時就停止。

4. 找出那些出現在多個類別中的事項。這些事項也許是最可能的原因。讓團隊參與並尋找他們可以做出改變的領域。

   將這些結果使用於下一個階段，**決定行動事項**。

›› 材料與準備工作

麥克筆、便利貼。

定義問題的描述。說明五個 W——何事、何人、何時、何地，以及為何。在活頁掛紙或白板上畫出魚骨圖，並製作範例類別的清單。

›› 範例

運用魚骨圖活動挖掘問題的根本原因，但不要止步於此。一張包含完整分支與標記的圖表並不會是回顧會議的交付標的。

如果你懷疑回顧會議找出的許多問題都是由於超出團隊控制而造成的，深入挖掘所有問題來源可能會耗盡團隊精力的話，這時候你可以選擇不同的方法。

當議題更接近團隊並可由他們直接控制時，團隊可能會因為解決了魚骨圖上的問題而充滿活力。

舉例來說，在一個為期兩週的迭代中，建置失敗了五次。回顧會議帶領者知道團隊對此感到沮喪，而失敗的建置將是回顧會議的一個重要議題。他導入了**魚骨圖**活動，在魚骨上標示「技能」、「系統」、「環境」以及「人員指派」。

將二或三位團隊成員組成小組，讓他們專注於為每一個魚骨撰寫便利貼。然後將這些便利貼當作鱗片覆蓋整條「魚」。

當他們後退並閱讀便利貼時，他們看到了兩項根本原因——缺乏經驗的團隊成員獨自工作（同時出現在**技能**與**人員指派**中），以及在等待建置編譯時寫入新的程式碼（同時出現在**系統**與**環境**中）。每個人都立即同意輔導新成員，以及與他們結對的承諾。他們也確認了第二個需要多加關注的原因，並決定將其列為行動規劃的議題。

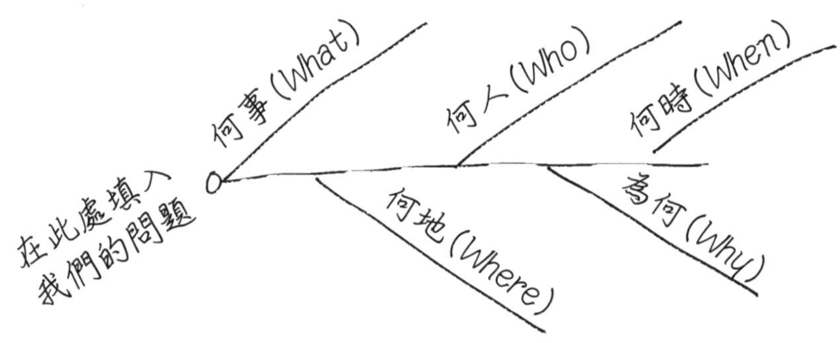

魚骨圖是一種找出根本原因的方法。

▲ **圖 14　魚骨圖**

6.5 活動：模式和轉換

在迭代、發布或專案回顧會議中，可以將**模式和轉換**（patterns and shifts）活動結合視覺化的資料蒐集活動（例如：時間軸或憤怒、悲傷、高興），以產生洞見。

» 目的

找出事實與感受之間的關係與連結。分析與迭代／發布／專案有關的資料。指引團隊辨識引發目前問題的模式，並為其命名。

» 所需時間

15 至 60 分鐘，取決於團隊規模與資料多寡。

» 說明

蒐集資料後，你可以引導團隊進行分析資料的討論，並找出各種事件、行為或感受的模式。同時也請留意這些模式是在何時發生了轉換；舉例來說，原本所有事情都進行得很順利，然後能量突然下降。請在活頁掛紙上記錄各種想法，或者如果你使用的是時間軸，直接記錄在時間軸上即可。

» 步驟

1. 介紹此活動時可說明：「目前我們已經製作了一張關於迭代／發布專案的圖，讓我們看看在這些資料中可以找出哪些模式與資訊。」

2. 如果團隊還沒製作好，請他們先檢視現在所展示的資料。

3. 一次只專注一個部分，並詢問團隊在資料中看到了什麼。在展示的資料上或另一張活頁掛紙上寫下他們所說的話。完成一個部分之後，再進行下一個部分。

4. 現在讓團隊檢視完整的展示內容，並詢問他們：

   - 你們在哪裡看到了各個事件之間的關係與連結？
   - 你們在哪裡看到了模式？你們會為這些模式取什麼名字？
   - 哪裡發生了轉換？你們會為這些轉換取什麼名字？

   在展示的內容上或另一張活頁掛紙上，再一次記錄大家的討論結果。

5. 檢視這些模式和轉換，並詢問團隊下列問題：

   - 這些模式對於我們目前的問題有何影響？
   - 這些轉換對於我們目前的問題有何啟發？

6. 詢問團隊，哪些問題最應該在此回顧會議的下一個階段，也就是在**決定行動事項**中解決。

» 材料與準備工作

麥克筆、活頁掛紙（或卡片）。

在視覺化資料蒐集活動（例如：時間軸或是憤怒、悲傷、高興）之後，可以採用此活動。

6.6 活動：以點數排序優先等級

在迭代、發布或專案回顧會議中進行產生洞見或決定行動事項階段時，可以運用**以點數排序優先等級**（prioritize with dots）活動。

» 目的

衡量團隊如何為一長串的變更、提案等候選方案進行排序。

» 所需時間

5 至 20 分鐘，取決於選項的數量與團隊規模。

» 說明

團隊成員排定最高優先等級的問題、想法或提案。

» 步驟

介紹此活動時可說明：「我們有很棒的建議清單；但我們不能執行所有的事項，所以讓我們看看哪些任務具有最高優先等級。」

1. 發給每位團隊成員 10 個 1/2 英寸或 3/4 英寸的彩色圓點貼紙，並張貼如下所示的圓點分配圖例：

    - 第一優先等級的事項可獲得 4 個圓點。
    - 第二優先等級的事項可獲得 3 個圓點。
    - 第三優先等級的事項可獲得 2 個圓點。
    - 第四優先等級的事項可獲得 1 個圓點。

    向團隊說明圓點的分配方式，並逐一檢視正在考量的各個事項。

2. 留幾分鐘讓成員將他們的圓點放在事項旁邊（請參閱第 115 頁的圖 15：以點數排序優先等級）。

3. 計算每個事項的圓點數量，並將數量寫在該事項旁。

4. 當出現明確的優勝事項時，可詢問團隊是否還要繼續進行下去。

當最高分出現平手（四個或以上的事項獲得相同數量的圓點），而且又不可能解決所有最重要的問題時，可以先請團隊討論為什麼他們將每個問題都視為最高優先等級的事項，然後再進行一次投票（最好使用不同顏色的圓點）。

» 變化方式

與其每位成員分配 10 個圓點，不如提供每位團隊成員約莫事項總數 1/3 ～ 1/2 的圓點。團隊成員可以根據自己的選擇任意分配他們的圓點——將所有的圓點放在同一個事項上、在每個事項上放一個圓點，或者是介於兩者之間的任意配置。

為了限制團隊的選擇，可以提供更少的圓點。

» 材料與準備工作

圓點貼紙——直徑為 1/2 英寸～ 3/4 英寸。最好有兩種顏色，以便你需要重新投票。

你也可以讓成員在事項旁打勾，但使用圓點更有趣，也更容易計數。

» 範例

圓點投票雖然並不科學，但是不要試圖讓它變得科學。這只是從一長串事項中進行篩選的一種方法。

我們還發現，提出問題時的不同表達方式，將會得到非常不同的結果。以下是一些可考量的變化方式：

- 哪個是最重要的事項？
- 哪個事項將帶來最大的影響？
- 哪個是你們最想執行的事項？

如果沒有人想執行「最重要」或「影響最大」的事項，那將是一個爭議點。成員可能認為某個事項很重要，但仍然不想執行它。那就順應人心吧。你希望團隊願意支持你的行動與決定。所以最好的選擇就是團隊都想要做的事。

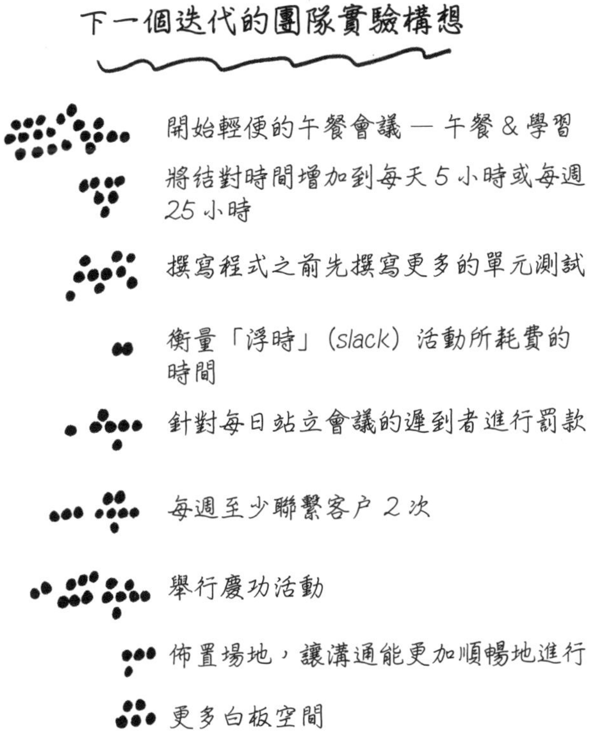

下一個迭代的團隊實驗構想

開始輕便的午餐會議 — 午餐 & 學習

將結對時間增加到每天 5 小時或每週 25 小時

撰寫程式之前先撰寫更多的單元測試

衡量「浮時」(slack) 活動所耗費的時間

針對每日站立會議的遲到者進行罰款

每週至少聯繫客戶 2 次

舉行慶功活動

佈置場地，讓溝通能更加順暢地進行

更多白板空間

以點數排序優先等級可協助團隊從一長串的建議事項中進行篩選。

▲ 圖 15　以點數排序優先等級

6.7 活動：綜合報告

在迭代、發布或專案回顧會議中，可以將**綜合報告**（report out with synthesis）活動與小組分析活動結合運用，以產生洞見。

» 目的

與整個團隊分享各個小組的思維與想法。發現共同的脈絡，並尋找能激發整個團隊活力的想法。

» 所需時間

20 至 60 分鐘，取決於小組的數量，以及允許的報告時間長度。

» 說明

每個小組向整個團隊分享他們的工作成果。回顧會議帶領者以進度條協助報告者掌控時間。在最後一組報告完畢後，整個團隊一起尋找共同的脈絡與主題，並確定哪些是他們後續將進行的工作。

» 步驟

1. 介紹此活動時可說明：「是時候讓各個小組向整個團隊報告他們的發現了。為了聽取大家的意見，每組有 n 分鐘的時間。我會使用進度條協助你們掌握時間。每過一分鐘，我就會畫出一條橫條，當你們看到 n-1 的時間條時，就會知道要進行結束收尾了。每個小組報告之後，我們將有 n 分鐘的提問時間。我同樣也會以進度條計時。」

2. 仔細計時，並監控時間，以進度條標示已流逝的每一分鐘。如果有人超時，就在 n 分鐘時宣布：「時間到了。請開始進行總結。」

3. 最後一組報告完畢後，讓團隊檢視所有的活頁掛紙，或讓他們回想所聽到的內容。請他們找出共同的脈絡，並將這些想法寫在活頁掛紙上。

4. 當團隊找出共同的脈絡後，你就可以提出下列問題：

   - 哪些是你們有精力去處理的想法？
   - 你們有精力去處理的是什麼樣的事情？
   - 哪些想法最有可能成功？
   - 你們對這些想法的總體印象為何？
   - 你們希望在下一個迭代採用哪些想法？

5. 將已排序過優先等級的想法帶到下一個階段，**決定行動事項**。

❯❯ 材料與準備工作

活頁掛紙，用於追蹤所有組別的進度條（請參閱第 118 頁的圖 16：進度條）。麥克筆，但請避免使用黑色麥克筆。在成員名字或團隊名稱旁邊用黑筆標記，會讓人有不好的聯想。這時候我們喜歡用深粉色或橘色的麥克筆。

❯❯ 範例

有些人一開口就說個沒完沒了。我們發現協助人們掌控時間有助於他們保持專注、聚焦重點並準時完成。事實上，當人們知道他們被計時的時候，他們往往會更周詳地組織他們的想法，並且通常能在剩餘的時間內說完他們想說的話。

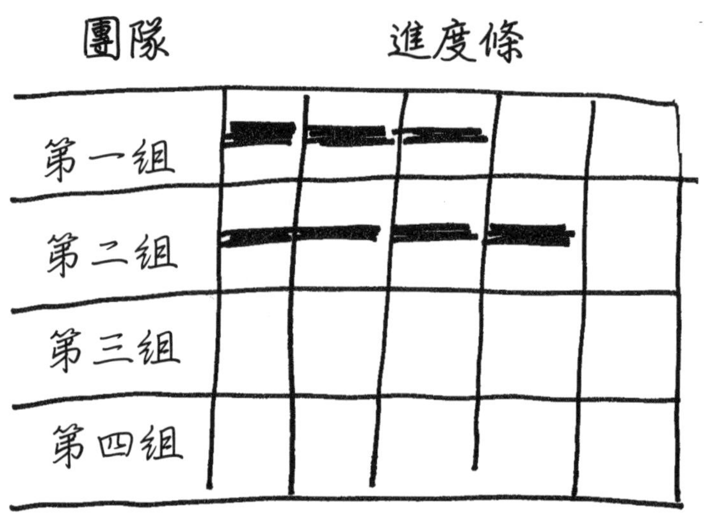

視覺化的進度條能協助成員在報告時保持簡明扼要。

▲ 圖 16　進度條

6.8 活動：辨識主題

在較長的迭代、發布或專案回顧會議中，可以在定位優勢之後，運用**辨識主題**（identify themes）活動，以產生洞見。

目的

從定位優勢的訪談中找出共同的脈絡。並為實驗、改變與建議找出引人注目的想法。

所需時間

一至兩個小時。

說明

在定位優勢的訪談活動之後，每一對相互訪談的人成為一組，並各自匯報訪談對方時所得知的事項。當他們報告最佳狀態時，所有團隊成員傾聽並找出共同的脈絡與引人注目的想法。辨識出主題之後，團隊會將所有的卡片分成數堆。然後由各個小組自行挑選，以進一步定義每堆卡片中的想法。

步驟

1. 訪談完之後，將二至三對訪談者集合在一起，組成一個四至六個人的小組。讓原本的結對訪談者繼續在一起。

2. 說明流程。

「每個訪談者皆需報告自己在訪談中聽到的內容。別擔心，不必一字不差地陳述訪談內容或涵蓋所有要點。只需要報告訪談中聽到的那些令人印象深刻的主題、故事和字句即可。」

「當所有的故事都報告完畢，討論那些出現在超過一個訪談以上的共同主題。並記錄那些引人注目的想法——即使它們只出現在一份報告中。」

「將每個想法寫在大張的索引卡上。清楚寫下來，以利其他人閱讀。一張卡片只寫一個想法。」

3. 每一組報告他們聽到的主題，並將他們寫好的卡片貼在牆上或放在地板上。

4. 當所有組別都報告完畢後，整個團隊將相似的卡片進行分類。

5. 請團隊挑選一個他們想要精煉的類別。如果有些類別無人挑選也沒關係。

6. 各個小組繼續上述步驟，以找出重要的主題。

7. 各個小組匯報他們的討論結果，這將在**決定行動事項**階段中成為進一步規劃、實驗與建議的備選方案。

» 材料與準備工作

此活動在定位優勢訪談活動之後進行。

大張的索引卡與麥克筆。可以在牆上進行分類的可重複黏貼膠帶或黏貼用品。

範例

不久前，我們曾與一個大型團隊合作，他們當時正在研究如何在他們的組織中進行改變。該團隊有一部分成員堅持最好的方法就是列出所有的問題，然後逐一找出解決方案。我們當下沒有與這群人爭論，而是讓他們按照自己的方式進行。但另一方面，我們與團隊中的其他成員一起進行訪談與辨識主題。

兩個小時之後，那個問題解決小組已經筋疲力竭、心情沮喪，而且準備放棄整個計畫。

而我們的團隊則是充滿活力與希望。

這是巧合嗎？由你決定。

6.9 活動：學習矩陣

在迭代回顧會議中，可運用**學習矩陣**（learning matrix）活動，以產生洞見。

≫ 目的

協助團隊成員在他們的資料中辨識出重要的內容。

≫ 所需時間

20 至 25 分鐘。

≫ 說明

團隊成員從四個面向檢視他們的資料，並快速進行腦力激盪，列出各項問題。

≫ 步驟

1. 討論資料之後，請展示活頁掛紙（請參閱第 124 頁的圖 17：學習矩陣），並告訴團隊，他們可以將想法隨意填入此矩陣的四個區塊中。

2. 當團隊成員產生想法，想要添加到圖表中時，請將它們寫到相對應的區塊中。盡可能完整地寫下他們原本使用的字句。如果你需要較短的陳述，請團隊成員換句話說：「你能用較短的句子再說一遍嗎？這樣我才能把它寫進圖表。」

   變化方式：提供每個團隊成員一疊便利貼，讓他們寫下想法，一張便利貼寫上一個想法。每個團隊成員將自己的便利貼黏在圖表上的適當區塊中。然後，回顧會議帶領者朗讀所有的便利貼，並將它們依照既有的區塊分組。

3. 當想法產生的速度變慢時，檢視圖表上的陳述，並詢問團隊：「清單中有什麼遺漏的嗎？有哪些對我們很重要的事項還沒寫進來？」請引導一個簡短的討論，並在需要時進行補充。

4. 發一張附有 6 至 10 個圓點的貼紙條。「請把你的圓點投給你認為在下一個迭代中會得到最多關注的事項。」（或者你也可以採用榮譽制度（honor system），發給每個人一支麥克筆，讓他們進行數量有限的標註）

5. 將這份已排定優先等級的清單作為此活動的成果，並帶到下一個階段，**決定行動事項**。

›› 材料和準備工作

準備一張劃分成四個象限並以圖示標註的活頁掛紙（請參閱第 124 頁的圖 17：學習矩陣）。「笑臉」代表我們在哪些方面做得好，並希望繼續下去？「皺眉」代表我們想改變什麼？「電燈泡」代表有什麼新想法出現呢？「花束」則代表我們想感謝誰？

準備附有 6 至 10 個圓點的貼紙條，取決於從紙上取下來的方便程度。（變化方式：以其他類型的貼紙代替圓點。兒童商店、文具店、剪貼簿及辦公用品商店都有販售各種不同風格與類別的貼紙）

›› 範例

當我們時間緊迫時，可運用學習矩陣來產生洞見。此情況可能發生在 60 至 90 分鐘的回顧會議中，當資料蒐集的討論時間比我們預期的更久時，雖然我們希望能充分討論，但還是需要盡可能地提升效率。

在海報上劃分四個象限的做法，往往能在討論每個象限的問題時發揮「剎車」作用。當人們填滿了所有象限，直到寫滿活頁掛紙的分界線或底部時，就會停止提供想法。然後，你可以接著詢問：「關於［做得好的地方］，我們應該再加上哪個想法？」並將其寫在標題區域的周圍。這樣可以確保不會錯失最好的想法，而且能控制在時間盒內完成。

同樣地，當我們時間緊迫時，我們也會在**結束回顧會議**階段時運用學習矩陣來蒐集有關回顧會議的回饋。將團隊在回顧會議中的經驗聚焦在四個象限——哪些地方做得好、哪些地方可以換個方式、有什麼新想法，以及感謝。

跟上结對的排程
速度比以往任何時候都快
輕便午餐會議－為模式重構
遵循回饋的工作協議
持續進行建置

熬夜三個晚上
交換结對
難吃的零食
無慶祝活動

邀請其他團隊參加

Marco 感謝 Ulrike 的輕便午餐
Ulrike 感謝 Lisa 推薦書籍
Lisa 感謝測試團隊協助驗收測試

學習矩陣是一種取得見解的快速方式。

▲ **圖 17　學習矩陣**

Chapter 7

決定行動事項活動

7.1 活動：回顧會議規劃遊戲

7.2 活動：SMART 目標

7.3 活動：提問圈

7.4 活動：短主題

決定行動事項（decide what to do）可以讓團隊將注意力移轉到下一個迭代。在這些活動中，團隊成員制定行動計畫，找出最高優先等級的行動方案，建立詳細的實驗計畫，並設定可衡量的目標，以實現成果。

你也可以運用第 74 頁的**三個五分錢**活動來產出與行動有關的想法。

7.1 活動：回顧會議規劃遊戲

在發布或專案回顧會議中的決定行動事項階段時，可運用**回顧會議規劃遊戲**（retrospective planning game）活動，以制定行動計畫。

» 目的

制定詳細的實驗或提案計畫。

» 所需時間

40 至 75 分鐘，取決於實驗次數與團隊規模。

» 說明

團隊成員可以獨自或結對進行腦力激盪，以發想出完成實驗、改善或建議所需要的所有任務。腦力激盪之後，團隊成員將刪除多餘的任務、補齊遺漏的任務，並將這些任務依序排列，而後由團隊成員認領他們欲完成的任務。

» 步驟

1. 介紹此活動時可說明：「我們將努力發想可促使我們實驗成功所需要的所有任務。」然後重新說明一次該實驗（改善或建議）。

2. 說明流程：

   獨自或結對找出所有任務。

   兩兩結對的雙人小組之間相互比對任務，以刪除重複的任務，並補上遺漏的任務。

   將任務分類，並再次檢查是否有重複的任務，並補上遺漏的任務。

   排序所有任務。

3. 進行結對分組（如果少於八個人，也可以獨力完成）。分發便利貼或索引卡，以及麥克筆。

   請各小組在每張卡片或便利貼上寫一個任務，並將下半部留白。然後以範例進行說明（請參閱 129 頁）。

4. 將兩個結對的雙人小組組成一隊（如果前面步驟是獨力完成的，只需要將他們結對成雙人小組即可）。重申上述指令：比較任務，刪除重複的任務，並寫下任何遺漏的新任務。可以根據需求重新編寫或整合。

   如果團隊人數大於十六人，將四人小組改為八人小組，然後在進行下一步驟之前，做另一輪的比較、增加及刪除重複。

5. 請小組在白板或牆上張貼與分類這些任務。如果他們使用的是卡片，可以在桌上分類。再次進行比對、尋找重複任務，並增加團隊所找到的任何遺漏的新任務。

   在牆上或白板的左側預先留白，團隊將在下一步的排序任務中使用到。

6. 排序卡片。由提問開始：「哪個任務必須優先完成？」將該任務移動到工作表的最左側。然後接著問：「有沒有可以與此任務同步完成的任務？」將它們放在第一個任務的上方或下方。

   然後再問：「哪一項任務需要接著完成？」將其放在第一個任務的右方。

7. 請團隊成員在任務卡的下半部簽名以領取任務，或如果合適的話，可以把任務帶進下一個迭代規劃會議中。

» 材料與準備工作

便利貼或索引卡。麥克筆。一面牆、白板或其他平坦的工作台面。

如果團隊先前沒有進行過此類規劃，請準備一張範例任務卡。

» 範例

回顧會議規劃遊戲活動可以協助團隊將模糊的改善目標轉化成具體的任務及行動步驟。

某個開發掃描器軟體的團隊，在他們的第二個發布回顧會議中，決定研究新的想法以檢測他們的 1,400 個自動化測試。他們目前的手法太慢，而且拖慢了團隊進度。在他們進行腦力激盪並擬定了一些可行的方法之後，回顧會議帶領者請團隊成員挑選出他們最感興趣的方法。由兩三位感興趣的志願者所組成的團隊努力找出行動步驟，並在幾張大型便利貼上分別寫下每個行動方案。

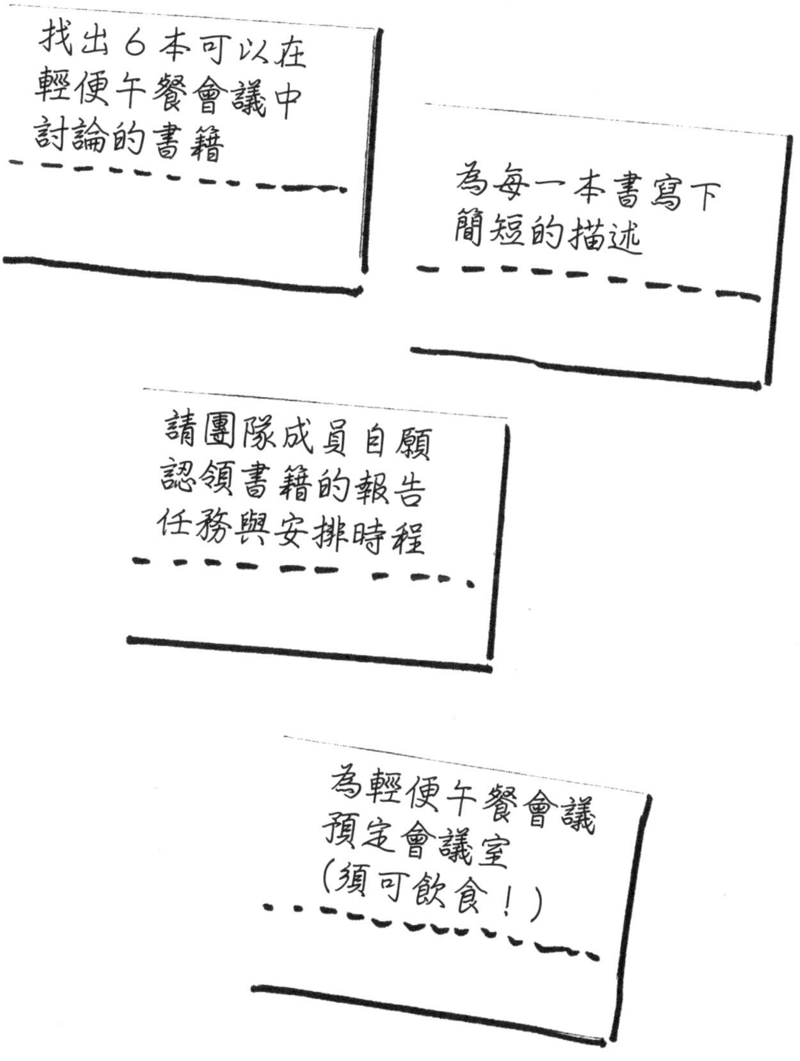

找出6本可以在
輕便午餐會議中
討論的書籍

為每一本書寫下
簡短的描述

請團隊成員自願
認領書籍的報告
任務與安排時程

為輕便午餐會議
預定會議室
(須可飲食！)

▲ **圖 18　回顧會議規劃遊戲的任務卡**

他們將便利貼黏在牆上進行分類。回顧會議帶領者要求他們找出重複或遺漏的步驟或任務。當整個團隊都認同牆上的行動方案時，他們便開始尋找任務之間的相依關係。他們使用從毛線球上剪下的線段與一些膠帶，將具有相依關係的任務建立起視覺化的連結。

然後他們會討論哪些行動最適合他們接下來的迭代規劃、哪些行動可能產生最大的影響，以及預料可能會遇到哪些風險。

團隊在離開回顧會議時，已經清楚了解規劃下一個發布時應包含哪些任務。他們已從巨大的改善目標中制定了可達成的行動方案，並了解該做什麼才能降低風險。

7.2 活動：SMART 目標

在迭代、發布或專案回顧會議中，可運用 **SMART 目標**（SMART goals）活動，以決定行動事項。

» 目的

將想法轉化為具優先等級的行動計畫，並制定出具體且可衡量的各項行動。

» 所需時間

20 至 60 分鐘，取決於團隊規模。

» 說明

將團隊的注意力集中在制定具體的（specific）、可衡量的（measurable）、可實現的（attainable）、具相關性（relevant）且具時效性（timely）的目標上。具備這些特性的目標將更可能被實現。

步驟

1. 介紹此活動時，可藉由帶領大家針對 SMART 目標的重要性進行簡短的討論。並指出不具體的、不可衡量的、不具相關性且不具時效性的目標往往會失敗。

2. 說明寫在白板或活頁掛紙上的 SMART 特性，並列舉一個 SMART 目標的範例：「我們的目標是從下週一開始，每天至少進行 5 個小時的結對程式設計。我們將每天輪流結對，並建立一張結對開發時程表，然後在接下來的回顧會議中進行審查。」對比於一個不具 SMART 特性的目標：「我們應該進行更多的結對。」注意：請挑選一個與團隊正在進行的實驗或改善無關的範例。

3. 請團隊為那些想優先處理的項目進行分組。要求每個小組為新計畫制定一個 SMART 目標，並找出 1 至 5 個行動步驟來實現目標，然後監控活動。

4. 請每個小組報告他們的目標與計畫。每個報告完成之後，請由其他小組確認其目標是否符合 SMART 特性，並可要求他們持續完善目標。

材料與準備工作

活頁掛紙或白板。麥克筆。列出 SMART 目標特性的活頁掛紙（請參閱第 132 頁圖 19：列出 SMART 目標特性的活頁掛紙）。

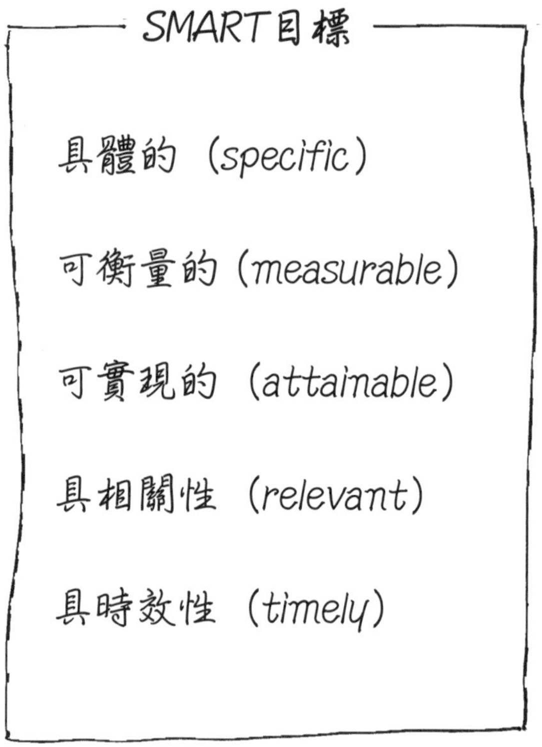

SMART目標

具體的（specific）

可衡量的（measurable）

可實現的（attainable）

具相關性（relevant）

具時效性（timely）

無法滿足這些準則的目標是無法被完成的。

▲ 圖 19　列出 SMART 目標特性的活頁掛紙

⫸ 範例

我們一次又一次地看到，針對自己想要完成的目標只有模糊想法的小組，與那些有著詳細目標的小組之間的差異。那些制定出符合上述標準目標的小組可達成他們的目標（至少在大多數時候），而其他小組則無法達成。有時候其他小組甚至無法開始，因為他們制定的目標太模糊而無法產生前進的動力。

7.3 活動：提問圈

在迭代、發布或專案回顧會議中，可以運用**提問圈**（circle of questions）活動，以決定行動事項。

目的

協助團隊為下一個迭代挑選實驗或行動步驟，尤其是當團隊成員需要相互傾聽彼此的意見時。

所需時間

30 分鐘以上，取決於團隊規模。

說明

團隊成員參與問與答的過程，以便為接下來的步驟達成共識。

步驟

1. 邀請團隊成員圍坐成一圈。介紹此活動時可說明：「有時候提問是找到答案的最好方式。我們將透過提問來找出我們想要做的事情，並作為此回顧會議的成果。我們會繞著圓圈持續提問，直到我們產出滿意的答案，或是直到超出 [時間盒] 的時間。」

2. 轉向你左邊的人，並提出問題。你可以先問：「從你的觀點來看，在下一個迭代中，我們最需要優先嘗試的是什麼？」團隊成員會從自己的觀點，盡其所能地回答問題。然後該團隊成員將轉變成提問者，轉向自己左邊的人，延續先前的討論或開始一個新的問題。

等新的應答者回答後，換他提出問題，整個過程沿著圓圈進行，直到團隊相信他們提出與這個議題相關的問題都已被聽見與考量，並且達成了行動方案的共識。

≫ 材料與準備工作

把椅子圍成一圈，中間不放桌子。在旁邊張貼一張用於記錄結果的活頁掛紙。

≫ 範例

在團隊中帶領提問圈活動時，我們需要等待至少完成兩圈的提問之後才能停止活動。無論你進行了兩次、三次、四次（或更多次），都要持續進行到讓每個人都有機會提問並作答為止。如果沒有完成一整圈就停止活動，這將傳達出某些人的觀點比其他人更重要的訊息。

此活動可產出強大的見解與行動方向。請鼓勵每個人在提問或作答前先暫停幾秒鐘，專注傾聽。被團隊傾聽的體驗能激發團隊成員產出最好的想法。

信任是自組織敏捷團隊的重要元素。提問圈活動可能是團隊能同等關注對待每位成員的少數活動之一。以這種方式尊重彼此的諾言，有助於團隊在工作關係中建立信任。

7.4 活動：短主題

在迭代回顧會議中，可以運用**短主題**（short subjects）活動，以決定行動事項。

目的

協助團隊找出運作上的不同觀點，並在極短的回顧會議中提供多樣性想法。

所需時間

20 至 30 分鐘。

說明

團隊依據二至三張活頁掛紙上的提示進行腦力激盪，並列出其行動方案的想法。這些標題可包括：

- 過去做得好的地方／下次可以改變的地方（又稱為 WWWDD）
- 保持／摒棄／增加（Keep/Drop/Add）
- 停止做／開始做／繼續做（又稱為 StoStaKee）
- 開始／停止／保持（Start/Stop/Stay）
- 微笑／皺眉（Smiley/Frowny）
- 憤怒／悲傷／高興（Mads/Sads/Glads）
- 自豪／懊悔（Prouds/Sorries）
- Plus ／ Delta（使用於迭代中）

» 步驟

1. 張貼活頁掛紙。給團隊成員三至五分鐘，讓他們各自反思迭代的情況，並寫下筆記。

2. 帶領大家進行腦力激盪，並記錄其想法。持續進行到所有團隊成員認為重要的意見都張貼在活頁掛紙上為止。請記得，在有人發言之前，往往需等待一兩次的沉默。

3. 請團隊找出前 20% 的項目——那些他們認為有可能帶來最大效益的項目。帶領一次簡短的公開討論，然後運用圓點進行投票（請參閱第 113 頁的〈以點數排序優先等級〉）。

4. 如果出現二～三個高優先等級的項目，請把剩餘的行動議題數量減少到可管理的範圍內。

5. 請保留腦力激盪所產出的清單，以便在後續的迭代回顧會議中可進行歷史審查，並協助找出那些持續存在的議題領域。

» 材料與準備工作

準備一張寫有標題的活頁掛紙以供討論，可以針對不同的迭代改變標題。當團隊對目前形式過於熟悉時，請變換成其他形式。

» 變化方式

在會議結束時，運用這裡的任何一種方式來反思回顧會議的流程與結果。

向團隊成員提供便利貼，讓他們填寫並貼在相對應的圖表上，而不是腦力激盪的清單上。將類似想法的便利貼進行分類，並為這些類別命名。

» 範例

團隊通常有些不好的傾向：（a）只選擇其中一種方案，並將其作為回顧會議的唯一活動；或是（b）只選擇一種活動，而且每次只使用同一種活動。這是一項好的活動，但如果只以此做為回顧會議的活動，那就無法提供豐富的想法。

有這麼一說，迭代回顧會議被稱為「心跳」回顧會議——因為這就像專案團隊的常規節奏與命脈的一部分。傾聽心跳或脈搏可以顯示一個人的健康狀況，而迭代回顧會議則能診斷團隊的健康狀況。儘管如此，如果老是聽我們自己的心跳，也會感到索然無味。

當你進行一次次的迭代回顧會議，特別是當迭代很短，只有一至兩週的增量時，若每一週都出現相同的活動或討論方式，會使團隊感到無聊。

使用短主題所提供的多樣性來改變討論的角度，並加入你的個人風格，以調配出適合團隊的類別（例如：延續、整合或重構）。

Chapter 8

結束回顧會議活動

8.1 活動：Plus ／ Delta

8.2 活動：感謝

8.3 活動：溫度讀取

8.4 活動：協助、阻礙、假設

8.5 活動：投入時間的回報

結束回顧會議（close the retrospective）為大家提供一個持續改善、反思回顧會議所發生的種種事項，以及表達感謝之意的機會。除了本章所列出的各項活動之外，其他章節所提到的活動（**滿意度直方圖**、**團隊雷達圖**、**學習矩陣**，以及**短主題**）、四步驟小結法、以及附錄 B 中與小結有關的其他建議，皆可運用於結束階段。

8.1 活動：Plus ／ Delta

運用 **Plus ／ Delta** 活動來結束迭代、發布或專案回顧會議。

目的

反思此回顧會議，並找出優點與需改善之處。

所需時間

10 至 20 分鐘，取決於團隊規模。

說明

為了下一個回顧會議，請團隊找出優點（往後可以多做），以及需要改變的地方。

步驟

1. 介紹此活動時可說明：「在結束會議之前，讓我們一起為下一個回顧會議找出哪些是我們想保持的，以及哪些是想改變的地方。」

2. 在活頁掛紙上畫一個大大的 T（請參閱第 142 頁的圖 20：Plus ／ Delta 是改善回顧會議的簡單方式）。然後宣布其時間盒（5 至 15 分鐘）。

3. 請團隊大聲說出優點與需改變之處，並逐字記錄下來。當成員沒有新想法，或時間到了的時候，就可停止。然後請靜待幾秒，沉默之後通常會出現最好的想法。

4. 感謝團隊坦誠的回饋。將此清單與先前的（最近的）回顧會議清單進行比較，看看是否存在某些模式。

材料與準備工作

活頁掛紙或白板。麥克筆。

範例

身為回顧會議帶領者，我們試圖改善自己在帶領回顧會議時的方法與技能。因此，我們會要求團隊藉由以下兩種想法提供回饋：

- Delta 是希臘字母△，象徵改變。Plus ／ Delta（Plus 表示在未來的回顧會議上，我們應該保持的部分，Delta 則表示未來需改善的地方），此活動可尋求團隊的回饋與想法，以專注於未來，而非要求團隊對即將結束的回顧會議作出評判。即便我們希望能提升我們帶領回顧會議的能力，但對於已經發生的事情進行許多好壞評判，將可能令人感到洩氣。當回顧會議帶領者全心致力於規劃與引導團隊時，她最終可能會感到疲憊。Plus ／ Delta 有助於確保帶領者所收到的是有用的回饋，而不是責難的回饋。

- 我們曾經收到團隊「慷慨地」提供很多關於改變的回饋與建議，遠超過我們所能採用的數量。但正如同我們的團隊在下一個迭代中只需專注一或兩個實驗一樣，我們需要一個方式，以避免被過多的回顧會議改善建議淹沒。

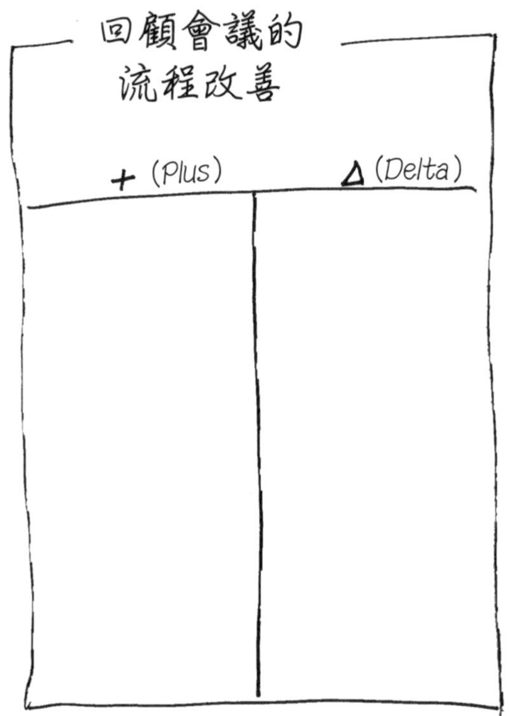

▲ 圖 20　Plus ／ Delta 是改善回顧會議的簡單方式

一張活頁掛紙，也就是 Plus ／ Delta 的 T 字結構，可以限制任何一個回顧會議的回饋量。當你寫到 T 的任一邊的頁底時，此活動即完成。真誠地感謝團隊的回饋與協助，並結束此回顧會議。若是團隊還有想說的話，他們可以在會議結束後找你，或者在下個回顧會議時再提出該想法。

8.2 活動：感謝

運用**感謝**（appreciation）活動來結束迭代、發布或專案回顧會議。

目的

讓團隊成員相互關注與感謝彼此。以正向的態度結束回顧會議。

所需時間

5 至 30 分鐘，取決於團隊規模。

說明

團隊成員感謝其他成員的協助、為團隊所做的貢獻，以及所解決的問題等。不過，表示感謝是選擇性的（The Satir Model: Family Therapy and Beyond [Sat91]）。

步驟

1. 介紹此活動時可說明：「在會議結束之際，讓我們藉此機會關注並感謝其他人在回顧會議，以及迭代／發布／專案期間的貢獻。」

2. 與一位團隊成員一起示範感謝的方式。即使只是示範，請選擇一位你能真誠感謝的人。

   說出這名成員的名字，然後接著說：「我感謝你的 __________ 。」在空格中填入與此人有關的事情，或是他（她）所做過的事情。你可以簡單描述此人對你的影響。

   範例如下：「Jody，感謝你協助我學習某某功能。你真的幫我跟上了進度。」

3. 請坐下，並等待，然後將會有人開始表達感謝之意。當感謝活動慢下來時，請再等一下。沈默是被允許的。有些人需要一些時間準備。

   若過了一分鐘左右仍沒有人發言時，就結束活動。

» 材料與準備工作

無需準備材料。但你也可以在活頁掛紙或白板上寫下感謝格式。

» 範例

有一次我們在回顧會議工作坊上解釋這項活動時，某位管理者說：「我們的開發人員永遠不會這樣做！他們是工程師。不管怎麼說，他們都知道我們很感激他們。」這位管理者完全沒有察覺到工程師們都搖著頭表示不同意。

確實很多人都會避免進行這項活動，但這實在太糟糕了。因為每次我們進行這項活動時，大家都會做出真心且誠摯的感謝。而當人們收到感謝時，你會看到他們發亮的眼神。

我們曾合作過的某個團隊後來告訴我們，他們的回顧會議只做一件事。我們問：「你們做了什麼？」「我們在每週的例會上開始表達感謝之後，這改變了我們彼此之間的關係。我們不再鬥爭了。我們仍會意見不合，但現在我們知道，我們真的很重視彼此。這讓相處變得容易得多了。」

就是這樣，不多說了。

8.3 活動：溫度讀取

在迭代回顧會議的開場或結束時可以運用**溫度讀取**（temperature reading）活動。

目的

確認「我們的現況。」這是一種用於處理團隊現況的實用方式（A Resource Handbook for Satir Concepts [Sch90]）。

所需時間

10 至 30 分鐘，取決於團隊規模。

說明

團隊成員報告各自發生的事情，以及他們的想法。

步驟

1. 介紹此活動時可說明：「讓我們看看團隊正發生什麼事。大家可以就任何一個主題提出想法，這是自願的。目的是為了聽聽其他人的想法，所以請不要評論其他人的分享。」

2. 引導大家觀看海報中溫度讀取的主題（請參閱第 146 頁的圖 21：溫度讀取的要素）。然後針對看板上的五個要素逐一講解，而後留時間讓成員發表意見。

感謝（appreciation）提供一個機會，讓我們注意到其他人做出哪些貢獻，以及他們為團隊帶來了什麼價值。並藉由向團隊的某位成員表達誠摯的感謝之意來示範感謝的方式。範例如下：「[姓名]，我感謝你的 __________ 。」在空格處加上簡短的幾句話來陳述這件事帶給你的影響。

新資訊（new information）是一個分享與團隊相關資訊的時刻。

困惑（puzzle）是指我們不理解，但又好奇的事情。困惑並非都有答案。

帶著建議的抱怨（complaints with recommendation）可以讓成員指出他們期望改變的地方。

希望與願望（hope and wish）讓我們說出我們（對於回顧會議或回顧會議之後）的期許。

在每個主題之間停頓一下，並在活頁掛紙或白板上記錄困惑與帶著建議的抱怨。

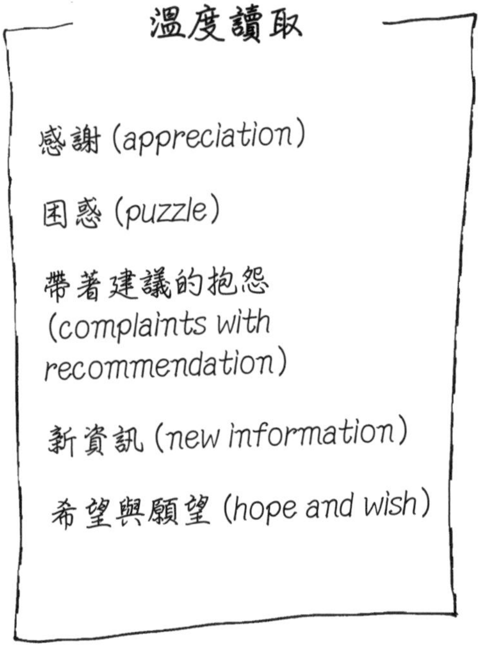

溫度讀取

感謝 (appreciation)

困惑 (puzzle)

帶著建議的抱怨 (complaints with recommendation)

新資訊 (new information)

希望與願望 (hope and wish)

溫度讀取活動可讓成員納入團體生活中常被忽視的部分：感謝、困惑，以及希望與願望。

▲ 圖 21　溫度讀取的要素

材料與準備工作

藉由在活頁掛紙或白板上寫下溫度讀取的主題以做好準備（請參閱第 146 頁的圖 21：溫度讀取的要素）。

範例

帶領溫度讀取活動有一個技巧：學會自己默數。這個模式對多數人而言是很陌生的，而他們可能需要一段時間才能適應。默數讓回顧會議帶領者在等待時有事可做，並確保成員有時間整理他們的思緒。

示範如何表達感謝之後，就可以開始自行默數。在你默數的同時，請帶著邀請的表情環顧四周。持續此活動直至你默數到 75。在此之前，會有人站出來表達感謝。如果沒有人出面感謝，就進行下一個部分。

當有人表達感謝之後，通常會讓團隊活躍起來。當感謝活動逐漸變慢時，在最後一位成員表達感謝之意後，默數到 20，就可進行下一個部分：困惑。

說明困惑的含義，然後開始數到 20。在此之後，都以默數到 20 作為每個停頓的基準。

一旦團隊習慣了溫度讀取，他們會立即展開活動。你就不需要再默數了。

溫度讀取方式有許多用途。我們曾經運用此方式，為一個每月都會進行專案規劃會議的團隊組織了他們的狀態會議。一整年下來，團隊成員都精力充沛且專注在會議上。而他們最終也建立了緊密的工作關係。

8.4 活動：協助、阻礙、假設

在結束迭代或發布回顧會議時可以運用**協助、阻礙、假設**（helped, hindered, hypothesis, HHH）活動。

» 目的

協助回顧會議帶領者獲得回饋，以改善技能與流程。

» 所需時間

5 至 10 分鐘。

» 說明

回顧會議帶領者蒐集團隊成員的回饋，以找出什麼是協助團隊成員在會議期間一起合作與學習的因素，並找出是什麼原因阻礙了他們，以及了解在未來的回顧會議中還可以嘗試什麼新點子。

» 步驟

1. 貼出三張活頁掛紙，並將便利貼發給團隊成員。「請大家針對此回顧會議提供一些回饋，以協助我成為更好的回顧會議帶領者。這三張紙各代表著此次回顧會議的一些事情，這些事情可以協助你以團隊的角度進行思考，並了解此次迭代，以及阻礙或妨礙你思考或學習的事項，或是一些你認為我可以做的改變，進而改善下次回顧會議的假設。」

2. 「將你的回饋寫在便利貼上。完成後，請在每張便利貼上寫上你的姓名縮寫，並將便利貼黏在對應的活頁掛紙上。」

3. 藉由感謝團隊協助你進行改善來結束會議，並詢問團隊成員，若後續你對於他們所寫的內容需要釐清或有疑問時，是否可以聯繫他們。

材料與準備工作

準備三張空白的活頁掛紙，並於活頁掛紙的上方寫下這些標題：「協助」、「阻礙」、「假設」。

範例

協助、阻礙、假設（HHH）活動強調團隊學習，並鼓勵團隊成員思考如何進行最有效的學習，以及學什麼對他們來說是最好的。當團隊專注於整個團隊的學習時，他們才會變得更好。

當某團隊以 HHH 活動結束回顧會議時，他們會察覺到大約有一半的團隊成員想要更加專注在個人的活動上，而另一半的成員則想要更多的結對與小組活動。當團隊成員討論這種分歧的想法，以及這對未來回顧會議所代表的意義時，他們意識到這些差異也對自己的日常工作產生了影響。此討論讓回顧會議帶領者更加小心地選擇適合團隊的活動。而團隊也將他們在週間展開長達一小時且不受控的狀態會議，改為目標明確的 15 分鐘每日站立會議，以更符合兩組人馬的需求。

8.5 活動：投入時間的回報

投入時間的回報（Return on Time Invested, ROTI）活動可以運用在迭代或發布回顧會議的結束階段時（或在任何你想改善的會議結尾時）。

» 目的

協助團隊產出對於回顧會議流程的回饋，並從團隊成員的角度衡量會議的有效性。

» 所需時間

10 分鐘。

» 說明

在回顧會議結束前，請團隊成員針對他們的時間是否有被善用提供回饋。

» 步驟

1. 向團隊展示三張活頁掛紙，並討論團隊流程可能帶來的效益類型。這些效益類型包括：決策制定（回顧會議是否產出可推動團隊前進的決策？）、資訊共享（團隊成員是否收到有用的資訊或問題的答案？）、問題解決（團隊成員是否能夠陳述與解決問題、找到替代方案，並選擇行動？）。

2. 讓成員圍成一圈，請每位團隊成員輪流說出一個可以反映出他們投入時間的回報。在第二張活頁掛紙上以計數符號寫下。

3. 當每個人都回答完畢，詢問那些給予回顧會議 2 分或更高的人，請他們說出他們所獲得的好處。然後詢問那些給予回顧會議 0 或 1 分的人，有哪些是他們期望，但卻沒有得到的。

4. 即使有許多人對於會議的評分是 3 或 4 分，也要詢問整個團隊，讓他們告訴你在這個流程中應該保留或改變什麼。把他們的回答寫在空白的活頁掛紙上，並感謝他們在改善團隊回顧會議上的協助。

材料與準備工作

準備兩張活頁掛紙（請參閱下方的圖 22：ROTI 圖表範例，以及第 152 頁的圖 23：ROTI 活動的計數範例）。

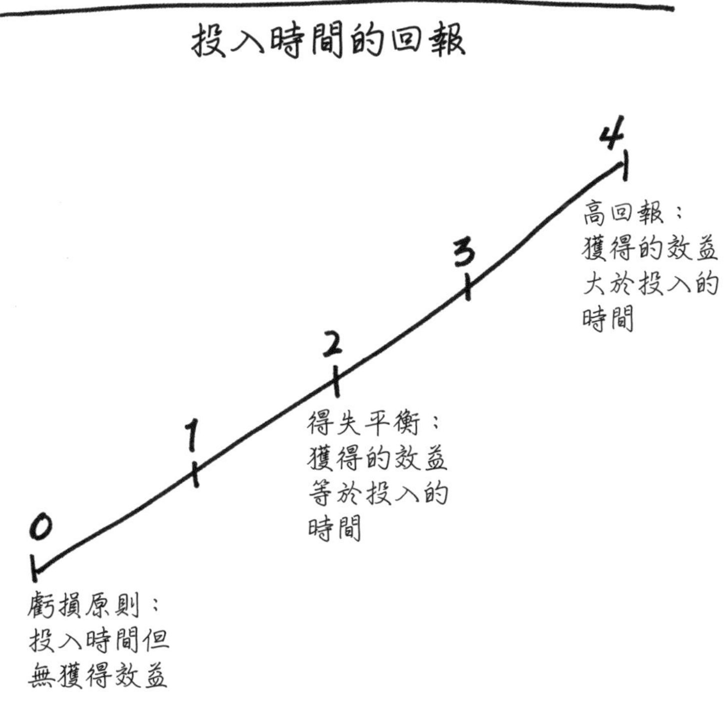

檢查回顧會議投入時間的回報，可以協助團隊做出更明智的時間分配決策。

▲ **圖 22　ROTI 圖表範例**

» 範例

如果大多數團隊成員覺得這次會議至少是一個得失平衡的投資，我們就會感到高興。因為總會有改善的空間，而且仍然會有值得提出與跟進的問題。一個對於回顧會議給予高評價的團隊在考量還有什麼可以改變之後，會找到更好的會議模式。

不要誤以為評分為 0，就表示身為回顧會議帶領者的你沒有把工作做好。評分為 0 可能僅代表此人被外部環境或會議室的情況分散了注意力。請藉由提問來找出此評分背後所蘊含的想法與感受（The Roti Method for Gauging Meeting Effectiveness [Der03a]）。

我們的 ROTI

4	I
3	IIII
2	II
1	I
0	

此團隊認為回顧會議是值得的。

▲ 圖 23　ROTI 活動的計數範例

Chapter 9

發布與專案回顧會議

9.1 為發布與專案回顧會議做準備

9.2 涵蓋跨組織觀點

9.3 帶領發布與專案回顧會議

9.4 在每個結束點進行回顧會議

即使你的團隊在每個迭代尾聲都會進行回顧會議，在發布與專案結束時，仍然存在進行回顧會議的理由。迭代回顧會議聚焦在你的團隊及團隊問題，而發布與專案回顧會議則可以為你帶來更廣泛的視角。發布與專案回顧會議涵蓋了整個組織的人員——參與 beta 測試、交付及對產品提供支援的其他人員。

發布與專案回顧會議將成員聚集在一起，這些人必須協調工作以實現目標——部署軟體，但他們可能有不同的觀點、不同的使命，以及不同的衡量方式。當這些跨組織邊界的團隊一同參與回顧會議時，就有機會進行組織面的學習。讓團隊找出那些阻礙他們進步的障礙（政策、程序、做法）是一回事；但讓那些在障礙背後、立意良善的人們去了解他們如何影響產品的打造，則又是另外一回事。

在本章中，我們將檢視發布或專案回顧會議與迭代回顧會議有何不同之處——從擴大邀請範圍到結束會議。此外，我們也將審視這對回顧會議帶領者有何不同。

9.1 為發布與專案回顧會議做準備

大多數的迭代回顧會議只專注於團隊。在發布或專案結束時，請納入團隊與專案群體的其他成員——那些付出貢獻但不屬於核心團隊的人員。當然，你也可以邀請管理者與其他客戶。

將邀請擴大到你的團隊之外　　你的敏捷團隊可能了解、喜愛回顧會議，但更廣泛的專案群體可能不這麼想。他們可能抱持懷疑的態度、覺得排程太滿，或是不知道會發生什麼事。因此，你有三項任務：決定邀請誰、擴大邀請，以及教育新的與會者。

一些定義

每當我們拜訪一個新的組織時，我們都會調整我們的解碼器，以了解他們是如何使用那些具有多種含義的常用字詞。

因此，讓我們為回顧會議做些調整吧。

一個迭代的開發週期大約是一週至 30 天。團隊承諾達成一項目標，並建立一個規模雖小、但完整可運作的軟體。這裡的完整（Complete）是指已經過測試、記錄，並將程式碼整合到更大的產品中（若存在既有產品時）。

在 Scrum（一種敏捷方法）中，迭代亦稱為 Sprint。

當一個個迭代所打造而成、可運作的程式碼可供他人使用時，一個發布就出現了。此發布可能僅限於公司內部的某個團隊使用，例如：專門的測試團隊或 beta 測試團隊，或是將軟體提供給客戶（公司內部或外部）使用。

一個專案可包括一個或多個發布。專案的結束通常代表終止資金的提供與結束團隊。

發布一項產品所包含的人員比交付可運作的軟體增量還要多。暫停一下，以更廣泛、更深入的方式審視你與組織中其他成員的合作方式。選出符合回顧會議目標的參與者，並找出那些願意分享他們觀點的重要團隊角色。

回顧會議帶領者邀請代表人力資源與設備部門的 Pat 與 Ron 參與一場發布回顧會議。在回顧會議期間，Pat 與 Ron 了解到他們的標準政策是如何阻礙了專案的進行。Ron 認知到為什麼團隊對於搬動機器的需求是緊迫的；Pat 也明白了在發布期間要求對每位團隊成員進行 26 頁的績效考核時，教練為何一個月都沒有行動。而團隊在聽取 Ron 的觀點之後，同意在硬體搬動的時間上給予更長的準備時間。而團隊也了解到，他們需要提早爭取支援部門的協助。

當你決定將邀請誰時，請考量團隊之前與組織的其他部門互動情形。找出那些與你們產生摩擦或需要支援的部門，然後從中邀請一些代表，讓他們能從雙方的觀點中相互了解（Project Retrospectives: A Handbook for Team Reviews [Ker01]）。如果無法讓專案群體中的每一個人都參與會議，請盡量選擇跨部門的代表，以盡可能獲得更多的觀點。

對於發布回顧會議，你可以考慮邀請以下這些部門的代表：行政支援部、現場客戶、Product Owner、部署團隊、測試小組、行銷部、技術支援部、客戶服務部、營運部門、beta 測試員，以及專案經理。

專案結束時，除了邀請上述所有人員外，也請邀請專案贊助者以及其他管理單位（例如：產品開發工程管理、專案集管理）的利害關係人。

跨部門與其他大型的回顧會議需要在包容性與有意義的結果之間取得平衡。協助 50 或 100 人一起思考，跟協助 10 或 20 人一起思考相比，是需要採用不同的手法的。在一個龐大的群體中達成組織變革的共識是有可能的，但這會需要一個不同於回顧會議的流程。

另一方面，若專案包含 200 個人，但只有 20 個人參與回顧會議，那麼為改善方案傳遞見解並達成共識本身就會是一個專案了。

若你搖擺於一個不確定是否有機會真正改善的大型跨部門回顧會議，以及一個專注於團隊的回顧會議之間，就選擇團隊吧。

邀請函可表明此回顧會議是一件重要的事情。不要仰賴於制式的會議通知。當你發出邀請函時，內容請包括此特定回顧會議的目標、日期、時間，以及與會者在會議前需要提前準備的事情。並請提供聯絡方式，以便可以回答任何疑問（請參閱第 158 頁的圖 24：邀請函）。

TIP 7

全程出席

人們通常會抗拒參與一整天的會議。他們對於完成日常工作已倍感壓力，因此只想在沒有其他預定會議的時間抽空去看看回顧會議。即使出自好意，但那些中途加入的成員會拖慢會議流程。最壞的情況下，還會破壞會議進行。中途離席也會傳達出不同且通常令人困惑的訊息。

向成員說明回顧會議的各個主題是以環環相扣的結構進行設計，因此期望與會者能夠全程出席。

強調回顧會議的目標是學習、改善及行動。確保大家知道這是一項邀請（Project Retrospectives: A Handbook for Team Reviews [Ker01]）。若大家對於參加會議感到壓力，他們就不會抱持協作與合作的心態與會。

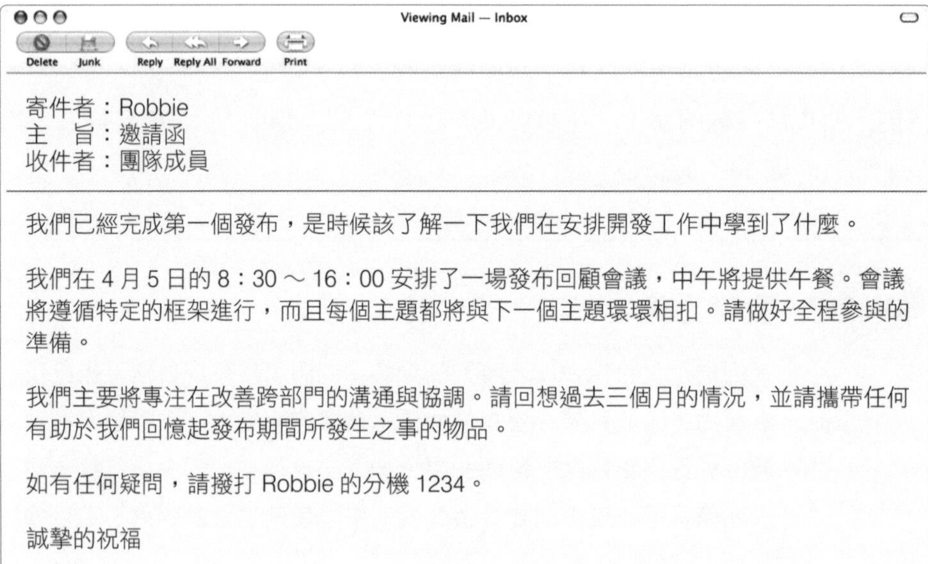

Viewing Mail — Inbox

Delete Junk Reply Reply All Forward Print

寄件者：Robbie
主　旨：邀請函
收件者：團隊成員

我們已經完成第一個發布，是時候該了解一下我們在安排開發工作中學到了什麼。

我們在 4 月 5 日的 8：30 ～ 16：00 安排了一場發布回顧會議，中午將提供午餐。會議將遵循特定的框架進行，而且每個主題都將與下一個主題環環相扣。請做好全程參與的準備。

我們主要將專注在改善跨部門的溝通與協調。請回想過去三個月的情況，並請攜帶任何有助於我們回憶起發布期間所發生之事的物品。

如有任何疑問，請撥打 Robbie 的分機 1234。

誠摯的祝福

Robbie

▲ 圖 24　邀請函

在回顧會議前教練管理者

權力與地位的差異會影響回顧會議的互動。負責評估或評量團隊成員績效的人員，像是功能經理、專案經理、中高階主管、開發經理，他們擁有某種形式的權力，大家可能會順從他們。請在回顧會議前與每位管理者會面，以斟酌他或她在討論中所扮演的角色。請每位管理者自我克制，並在其他管理者過於武斷時，適時地暗示他需要收斂，以利促進良好的溝通。

前置工作　第 2 章〈為團隊量身制定回顧會議〉第 22 頁的內容中，描述了你可以為迭代回顧會議進行的準備工作：了解團隊背景與歷史。對於發布或專案回顧會議，請理解得更透徹些。更詳細地了解人們對於專案的體驗。當然，這需要仰賴你的覺察。當你有了更全面的畫面後，就可以設計出更好的方法。

運用訪談或簡短的問卷來了解人們對於專案的看法。事前準備的好處有以下四點：

- 讓人們開始反思此專案。訪談或問卷中的問題可以讓大家回想他們的經歷。
- 提供有用的背景。你將了解更多的專案相關背景與情況。你也將了解那些參與的相關人員，以及他們對於發布或專案的看法。
- 為會議定調。你在訪談或問卷中表達問題的方式，將透露出回顧會議會是何種情境。如果你的問題是開放式且具好奇心，你將為回顧會議傳達此思維。反之，如果你的問題封閉且帶有找碴意味，你會讓人們認為在回顧會議中將出現指責與狹隘的思維。
- 協助你量身打造會議。如果你知道存在某些問題或衝突時，你就可選擇那些能夠促使團隊有效討論問題的活動。舉例來說，當回顧會議帶領者為發布回顧會議去訪談延伸團隊時，若反覆出現的議題是開發人員與管理層之間的不信任，此時回顧會議帶領者即可安排一個能夠協助開發人員向管理者表達他們想法的活動。

如果團隊規模較小，你可以親自或致電訪談。針對較大規模的團隊，請制定一份簡短的問卷，並透過電子郵件發送。如果你確實希望收到回饋，請指定一個回覆截止日期。

從下列問題中選出五、六個問題。請妥善安排問題順序，讓你的訪談或問卷具有邏輯性。將問題發給專案團隊之前，先自己回答看看，以檢測這些問題。你可能不知道答案的內容，但關鍵是你需要確保這些問題不會模棱兩可，以致於無人能回答。

- 在本次的回顧會議中，你認為有哪三到五個議題是你必須提出的？
- 對於本次的回顧會議，你能想像到的最佳可能結果是什麼？對於你自己而言？對於未來的發布而言？對於組織而言？
- 為了達成這些結果，在回顧會議期間或之後必須做什麼事？
- 當你回顧此發布，是否有一兩件事情是你覺得最精彩，或是最充滿活力的時刻？為什麼你會選擇那些經驗？是什麼讓那些經驗難以忘懷？
- 對於此發布，你覺得自己最有價值的貢獻是什麼？你覺得其他人最有價值的貢獻又是什麼？
- 關於回顧會議，有什麼讓你感到困惑的地方？
- 我還應該問些什麼問題，而你又會如何回答？

TIP 9

誰該為問題負責？

注意：有些參與者認為，一旦他們已經將問題寫下來或是在對談時已提過此事，就不再是他們的問題了。這時請明確表示，問題的責任歸屬於提問的人，而你正仰賴他們在回顧會議中提出問題。

如果你發現團隊遇到了棘手的問題，請給予團隊額外的關注與支持。你的工作是打造一個讓團隊能夠提出棘手問題的環境。請多重視會議的開場，並為處理情緒性的情況做好準備。（請參閱第 44 頁第 3 章〈帶領回顧會議〉中的「管理團體動態」一節）。

向團隊說明你將會使用蒐集到的資訊來設計會議的進行方式。向大家保證此資訊是機密的，並且會確實保密。如果你預計在回顧會議期間匯總此資訊，並與團隊分享時，請先如實告知。務必保護好個人資訊。

9.2 涵蓋跨組織觀點

迭代回顧會議重視的是團隊，以及他們所採用的方法與互動方式。發布與專案回顧會議則涵蓋更廣泛的組織觀點。儘管組織中的問題可能會出現在迭代回顧會議中，但在發布或專案回顧會議時，跨組織的問題才會成為主要的討論焦點。

開場　對於大多數的回顧會議來說，開場的方式都是一樣的，都包含與迭代回顧會議相同的基本內容。即使你的團隊有工作協議，也請與整個團隊一起合作，以便制定該團隊在此回顧會議中需遵守的協議。並且特別提醒團隊成員，回顧會議的目標是學習與解決問題，不是指責。

蒐集資料　請確保資料蒐集活動明確地包含團隊以外的觀點。一種方式是將資料進行分類，例如：技術與工具、人員與團隊、流程，以及組織系統。另一種方式是建立一個事件時間軸，並指定各個群體在回顧會議中依序發言。請參閱第 70 頁第 5 章〈蒐集資料活動〉關於「時間軸」的變化方式。

產生洞見　由於人們來自組織中的不同單位，他們看待事物的方式也不同。他們的利益，也就是他們視為重要的事物，是不同的。意識到這些差異能協助人們在組織中更有效地工作。注意聆聽那些意料之外與自相矛盾的說詞。分組時，要特別留心那些跨職能的觀點。

決定行動事項　在迭代回顧會議中，團隊會對他們能夠掌控的問題採取行動。但是各個發布通常會包含其他團隊與部門的人員，發現的問題通常是跨組織的問題，它們屬於系統性問題。

會議室中的人員可能無法解決系統性問題，但他們可以影響並提出建議。當人們可以直接改變現況時，他們就有了控制權。舉例來說，團隊的日常技術決策與工作協議都在他們的控制範圍內。當團隊能接觸到具有控制權的某人或團體，並且能教育並說服此人或該團體時，團隊就有了影響力。舉例來說，某個團隊可能對設施與家具沒有掌控權，但他們可以讓設施部門了解他們對工作場所的需求。他們可以協助管理者了解政策的實際成本。分析影響範圍與控制範圍能幫助提案變得更切合實際。

有效的提案不只是告訴其他人他們「應該」做什麼。有效的提案需描述問題、提出潛在的解決方案、參與解決方案的討論，並邀請大家一起解決問題。如果你希望另一個團隊協助你的團隊或改變你的團隊的運作方式，請幫助他們了解這對他們有什麼好處，而不只是對你的團隊有什麼好處。

為個人發展與團隊改善制定行動計畫依然非常重要。人們需要帶著他們可以達成的具體行動離開回顧會議。

選擇一項行動（即使是很小的行動也可以），讓與會者可以在回顧會議結束前完成。行動可以激發更多的行動。

行動計畫指導方針

行動的每個步驟都需要有一個動詞。沒有動詞，就不是行動。

每個行動都需要有人負責——一個承諾將付諸行動的人。

一次一小步，行動更快速。將目標放在一個人可以在一週或更短時間內完成的行動步驟。

截止日可驅使行動，限期則可促使完工。沒有期限的任務通常會維持相同的狀態——開始，但不會結束。

檢查每個行動都是具體的、可衡量的、可實現的、具相關性，且具時效性—— SMART 目標。[1]

為每個行動定義「完成」的意涵，以及將如何與團隊溝通這些定義。

每個行動計畫皆需滿足上述的所有標準。

1 SMART 目標：具體的（specific）、可衡量的（measurable）、可實現的（attainable）、具相關性（relevant）、具時效性（timely）。

團隊為報告負責

大型回顧會議的出資者可能會想要一份書面報告，此報告應該由團隊提供，而不是由回顧會議帶領者提供。作為結束會議的一部分，請決定該由誰製作報告。若是由回顧會議帶領者撰寫報告，將會減少團隊的主導權。

結束回顧會議　對於迭代回顧會議，團隊可以自行追蹤後續狀況。而對於大型的回顧會議，請針對提案與跨組織的計畫分配後續追蹤的負責人員。管理者、團隊領導者或是教練通常會認領這些任務。

請選擇一個有助於人們反思自身經歷、鞏固個人見解並認可彼此貢獻的結束活動。

9.3 帶領發布與專案回顧會議

教練與團隊領導者可能會帶領迭代回顧會議。但說到發布或專案回顧會議時，每位團隊成員都是一份子，因此會議需要每位成員的參與，而不是帶領。你可以從另一個團隊招募帶領者或教練，或是從團隊外部引進一名引導者。如果你曾帶領過迭代回顧會議，其他團隊可能會邀請你帶領他們的發布回顧會議。

如果帶領大型回顧會議對你來說是一次性的任務，請找一位導師，與他一起設計會議，並向他尋求如何長期管理大型團隊的建議。如果你打算舉辦不只一場大型回顧會議，請為自己進行一些訓練吧。

下列是一些需考量的差異：

管理活動　許多適用於迭代回顧會議的活動，也能適用於發布或專案回顧會議。訣竅是善用小組，讓人們以小組方式進行溝通，而不是嘗試與整個團隊進行討論。

管理團體動態　人終究還是人。你在大型團隊中看到的行為，也會在小型團隊中發生，但在大型團隊中的影響會更為顯著。當事情出了差錯，在大型團隊中會以更快且更具破壞性的方式惡化。回顧會議帶領者必須關注流程與動態。堅守工作協議，並準備好隨時指出破壞性行為。

請留意大型團隊中的私下交談。私下交談可能意味著有未公開的資訊、派系，或某人正在破壞此會議。此時，可以說出工作協議中有關全程參與或打斷會議的規則，並建議建立一個新的工作協議，以處理私下交談的情形，或是詢問團隊可以如何更好地處理這類行為。

當然，大多數的私下交談都沒有惡意。但私下交談會分散大家的注意力，並且給人一種不尊重目前講者與流程的感覺。

以下這個範例是關於某個回顧會議帶領者如何處理打斷回顧會議的私下交談：當 Fran 進行小組報告時，Charley 與 Ron 正在私下竊笑，Sidney 暫停了報告，並詢問 Charley 和 Ron：「我注意到你們正在交談。請問那是團隊其他人應該要知道的資訊嗎？」Charley 很不好意思地坦承他剛剛向 Ron 講了一個笑話，Sidney 則表示這讓他分心了，並詢問小組中的其他人是否也有這種感覺。當某些人也點頭同意時，Sidney 隨即要求建立一份關於私下交談的工作協議。像這樣的干預通常就能解決問題。

或者，你可以說：「一次只能有一個人發言。」

無論是哪種情況，請不要讓他們覺得自己像小學生一樣被對待——要求聽那個笑話、檢查他們的紙條內容，或是讓他們跟團隊分享剛剛說了些什麼。

管理時間　在一個時間較長的回顧會議中，所有的事情都會花上更長的時間。進行小結、活動轉換、休息時間，以及小組匯報都需要花上更多的時間。會議框架雖然不變，但你將面對更多的人，處理更複雜的問題。尤其當會議出現衝突、爭議或澈底失誤時，請預留更多的時間，並可考慮引進一位經驗豐富的引導者。

每隔 90 分鐘至兩個小時之間安排一次正式的休息時間。雖然成員還是會在真的需要時起身離席，但安排休息時間能減少團隊成員持續離席又返回的行為。在會議自然停頓的時候休息，而非依時間點排定休息；在會議開始時宣布你預計每 90 分鐘左右休息一次，然後告訴團隊在需要休息的時候讓你知道。

以下是某個專案回顧會議的範例。

團隊剛剛完成了他們的第 24 個迭代，其迭代週期為一週。此團隊提前交付了產品，並獲得獎金！此團隊一直定期舉行迭代回顧會議，而現在想要回顧整個專案過程，以了解做得好的部分，並進行經驗分享。由於團隊在專案期間嘗試過幾種新方法，所以即使團隊中有部分成員即將被重新分配到新專案，他們還是希望可以保持同樣的衝勁。

團隊希望能邀請延伸團隊（extended team），讓他們進一步了解如何與組織內的其他部門互動。回顧會議帶領者在撰寫筆記（請參閱第 168 頁的圖 25：回顧會議帶領者的全日回顧會議筆記）與建立議程（請參閱第 171 頁的圖 26：全日回顧會議的議程）時，會經歷以下思考過程。

決策：會議目標為何？

我們希望可以從核心團隊之外的視角學習，並在成功的基礎上再接再厲。我們也想保持衝勁。

決策：誰將參加會議？

團隊、客戶、外部測試團隊、營運支援部門，以及技術文件撰寫員。總計有 20 人將參與回顧會議。

為什麼？我們希望從團隊的外部獲得回饋，並讓其他人看到我們是如何工作與解決問題。

決策：會議時間有多久？

一整天。

為什麼？我們需要時間探索多方觀點。

團隊獎勵回顧會議的大綱

20 位與會者

8 小時－8：30～17：30

8：30	開場－	歡迎、目標、介紹
	活動	聚焦／不聚焦－兩人一組
		日程表與議程
	活動	工作協議
9：30	蒐集資料－	設定時間軸（包含泳道）
	活動	時間軸－同質分組法
	活動	顏色標記點－高／低能量
10：15	休息？	
10：30	產生洞見－	檢視時間軸
11：00	活動	模式和轉換
	活動	找出團隊優勢
		訪談－跨團隊、兩人一組
12：00	午餐	
13：00	繼續產生洞見	
	活動	辨識主題－四人一組
14：00	決定行動事項	
	活動	回顧會議規劃遊戲
	（含休息時間）	
16：00		報告與承諾
16：45	结束會議－	檢視後續行動步驟
		Plus／Delta：改善回顧會議
	活動	感謝
	感謝－	送大家離場

▲ **圖 25　回顧會議帶領者的全日回顧會議筆記**

決策：我們將在哪裡召開回顧會議？

企業培訓場所的大型培訓教室。空間佔用率為 50%。所有的家具都可以搬動。我們需要一個足夠容納 20 個人的空間，並允許成員以小組形式進行活動與任務。

決策：我們將如何布置會議室？

將椅子圍成一圈。圓圈可以讓每個人在會議開始時都能看見彼此。然後再分成小組以進行任務。

階段：開場

活動：聚焦／不聚焦

為什麼？協助團隊建立一個看待問題而不指責的心態、促進公開討論，讓之前沒參加過回顧會議的成員可以放心討論。

活動：工作協議

為什麼？由於成員先前並沒有一起進行這類工作，而且並非所有的團隊都有他們自己的工作協議，所以，開場（檢視目標、時程）之後，就可以建立工作協議。

階段：蒐集資料

活動：包含泳道的時間軸

為什麼？重新建立發布的時間順序與事件，並顯示各個不同部門對於發布的看法。

活動：顏色標記圓點

為什麼？揭露成員是如何經歷時間軸上的不同事件。

階段：產生洞見

活動：模式和轉換

為什麼？我們想了解能量／士氣是何時發生轉換的，並找出轉折點（高能量、低能量，或混合能量）。這可以幫助我們了解哪些變化產生的影響最大，以及我們在哪些情況下克服了障礙。

活動：定位優勢

為什麼？我們想以最佳狀態時的做法為基礎，並關注不同領域是如何協同合作的。

活動：辨識主題

為什麼？訪談結束後，我們將找出共同的脈絡，並選出最佳的見解。

階段：決定行動事項

活動：回顧會議規劃遊戲

為什麼？聽取每個人想講述的故事，並收斂其中最重要的做法與互動，以執行行動計畫。

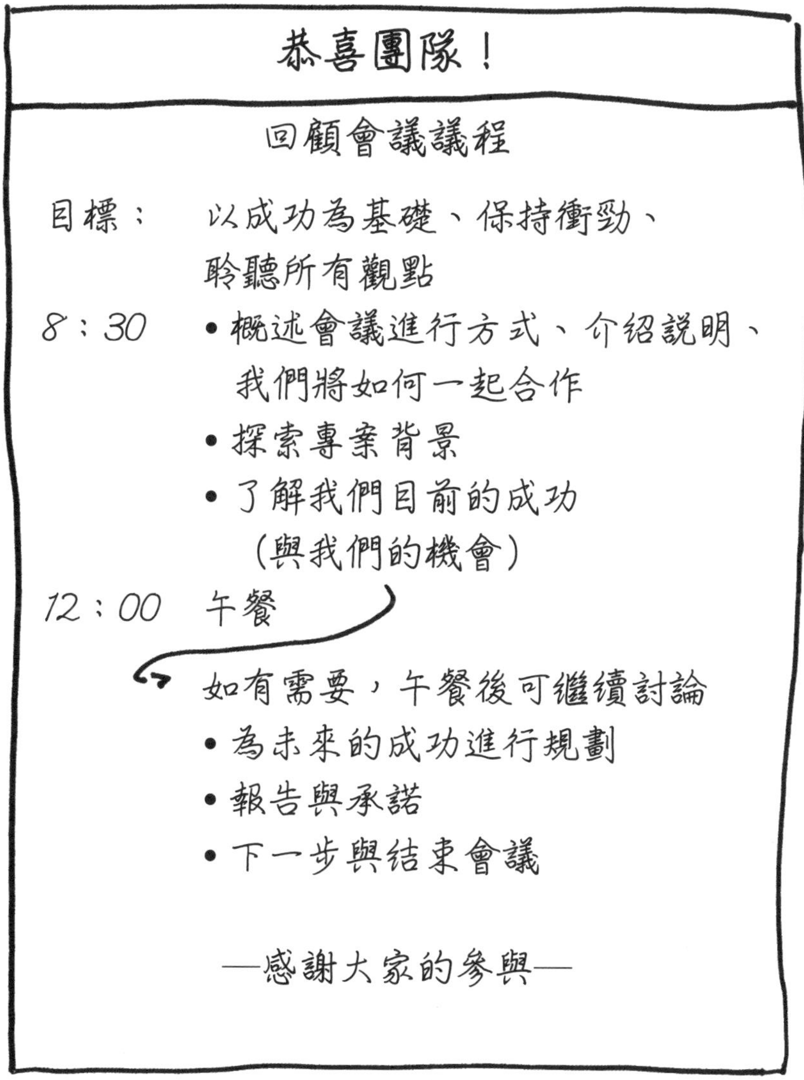

恭喜團隊！

回顧會議議程

目標： 以成功為基礎、保持衝勁、
聆聽所有觀點

8：30 • 概述會議進行方式、介紹說明、
我們將如何一起合作
• 探索專案背景
• 了解我們目前的成功
（與我們的機會）

12：00 午餐

如有需要，午餐後可繼續討論
• 為未來的成功進行規劃
• 報告與承諾
• 下一步與結束會議

—感謝大家的參與—

▲ 圖 26　全日回顧會議的議程

階段：結束回顧會議

活動：Plus ／ Delta

為什麼？改善回顧會議。我們知道什麼對迭代回顧會議是有效的，而且這將協助我們了解如何更好地讓團隊以外的單位一起參與。

活動：感謝

為什麼？感謝核心團隊內部及外部所有人員的貢獻。

9.4 在每個結束點進行回顧會議

由於本書的重點是每個迭代結束後的簡短回顧會議，我們並沒有深入探討發布與專案回顧會議，只是指出了一些主要差異。如果你想更了解關於專案結束的回顧會議，我們推薦 Norm Kerth 的著作（Project Retrospectives: A Handbook for Team Review [Ker01]）。你也可以加入以電子郵件為平台的回顧會議討論群組。若你需要更多資源與建議，你也可以隨時與我們聯繫。

即使你一直進行的是迭代回顧會議，仍然值得花時間與精力去舉行一次發布或專案回顧會議。當團隊成員以更長遠、更廣闊的視角檢視，他們會看見不同的問題，並學到不同的經驗。即使團隊解散了，他們所學到的經驗也會伴隨著他們，並為其他團隊及其他專案帶來益處。發布與專案回顧會議可揭露阻礙團隊發展的組織因素、政策及程序——而這些都需要跨領域的協調才能解決。若沒有以更寬廣的視角進行檢視，問題將持續被隱藏，或是被歸咎錯地方。

因此，在每個結束點進行回顧會議吧。你的團隊與組織會在他們退一步反思時進行學習，並得以進步。協助你的團隊管理他們的行動，並在改變時支持他們。我們將在下一章告訴你該如何做。

Chapter 10

就這樣做吧

10.1 提供支持

10.2 共同承擔改變的責任

10.3 支持更大的改變

高產能的團隊會依據他們的成果來檢視回顧會議。

若是我們能像星際爭霸戰（Star Trek）企業號的畢凱上校那樣，對每個改變都說「就這樣做吧」，那該有多好。但是「就這樣做吧」是不夠的，有行動計畫才能為成果鋪路。為了確保實驗能受到大家的重視，需將其納入迭代工作規劃中。但有時這麼做仍是不夠的。

如果你曾試圖改變某些人的個人習慣（例如咬指甲），你就會知道，除非你有其他替代方式可以取代舊有的行為，否則這幾乎是不可能的。增加新習慣比戒掉舊習慣更為容易一些，這對團隊與組織而言也是如此。

在回顧會議上，Lynn 的團隊決定停掉尚未規劃就開始寫程式碼的習慣。但在下一個迭代規劃會議上，兩位團隊成員突然打開他們的筆記型電腦，並分享他們在週末寫的程式碼，他們認為自己為團隊提供了一個好的開始。

Lynn 提醒大家注意他們先前的協議，並分享了他在敏捷討論群組中看過的幾個規劃想法。團隊同意遵守他們的決議，並嘗試 Lynn 的規劃想法。當團隊討論大家該做什麼工作時，他們發現那些週末寫的程式碼對團隊的迭代目標並沒有幫助——只是浪費心力而已。

若是沒有替代方案（此案例是指規劃想法），團隊將別無選擇，只能回到他們的舊有行為模式。

任何新的行為模式在一開始都會讓人感到不自在。人們可以透過練習而得心應手——無論是學習新的網球發球技巧，還是學習一種新的程式語言。支持團隊，並向他們保證，嘗試新技能時，犯錯是可接受的。

10.1 提供支持

產生改變的工作並不會在回顧會議結束時就完成，即使是很小的改變也需要培養與支持。支持有不同的形式：強化、同理心、學習機會、實踐機會以及提醒。某些形式的支持可以來自團隊，例如：同理心與提醒。但其他形式的支持則需要資源與預算。團隊領導者、教練及管理者有責任取得這些與經費有關的支持。

強化　改變很困難。透過關注彼此的進展來支持你的團隊（與你自己）。對於進展順利的部分給予鼓勵：「我們這次的新單元測試，協助我們保持程式碼的乾淨——做得好！」當你鼓勵團隊時，表示你認可該挑戰，且鼓舞了士氣。

提供進行順利的資訊，有助於你的團隊意識到他們有所進展。請確保所提出的回饋能說明行為與其影響力：「我注意到昨天我們在站立會議上沒有離題，大家都同意堅守我們的四個問題，而且我們也確實做到了，這確實協助我清楚看見有哪些障礙。」

同理心　認可他人有失落或挫敗的感受是合理的。以下是某個團隊領導者 Fred 在團隊成員找他討論關於改變時，他的不當處理情況。Fred 聽著 Katie 闡述她對於團隊決定搬到開放的工作空間，要放棄私人隔間的感受時，Fred 回答：「我想過這件事，而且認為妳沒有理由這麼想。」這並不是同理心。想認可對方的觀點與感受（不需透過同意來解決這個情況），只要簡單地說「我聽到你說的話」就足夠了。

學習機會　展現你對於探索與學習的支持。你的團隊可能需要學習新技能，才能成功地完成他們在行動計畫中所選擇的實驗。你可以安排能讓團隊成員互相學習的輕便午餐會議與分享會議。提供網路資源與文章清單來讓團隊研究新想法。在團隊內部與外部尋找非正式的導師。鼓勵他們以結對程式設計來學習新的程式語言及技術。即使沒有預算，你也可以做到上述的所有事項。

請樂於花錢支持這些改變。不是每項技能都能從網站或文章中學到。投資教育訓練可為新技能奠定基礎。建立知識庫，以便讓你的團隊能隨時使用資源。

實踐機會　團隊需要透過實踐來增加熟練度。一種方法是放手讓團隊在產品上嘗試新的事物；另一種方法是使用一個時程非常短的專案、一個練習區或是一個 Hello World 程式等等，來創造一個正式的實踐空間。

建立一個時程非常短的專案（為期一至兩天，甚至更短），以探索可能的解決方案或嘗試新做法。如果你的團隊有時間盒控管的問題，從時程極短的小專案開始就能一舉兩得。時程極短的專案的時間限制，可以建立一個明確的檢核點（checkpoint），以供團隊評估該實驗的學習與決策。

實踐空間是一個讓團隊可以在不影響實際產品的情況下嘗試新做法的地方，它可以是一個不是用來開發目前產品的特殊測試或開發區域。

鼓勵團隊嘗試寫 Hello World 程式。Hello World 程式很簡單——通常只是列印或顯示「Hello World」而已，但是可以測試開發的環境與設定，並且可以迅速發現問題（或確認基本概念是可行的）。

提醒　大型視覺化圖表與報到活動可以提醒並協助你的團隊專注於改變。例如，Terry 的團隊決定他們需要更頻繁地進行重構。他們創造了一個大型圖表，每位團隊成員在完成一項重構任務時都會在上面貼一個綠點。每天工作結束時，他們都會檢閱圖表，並討論其成果。圖表可讓重構情況一清二楚。

報到活動可以讓團隊報告他們對於特定改變所做的事情。問題與答案需簡短：「請以一兩個詞描述我們在估算這方面做得如何？」把大家的回覆作為衡量新實踐的進展狀況。

10.2 共同承擔改變的責任

當同一個人持續為各種行動事項負責時，會出現以下三個問題：

- 你的團隊可能會將某團隊成員視為英勇的救援者。而救援者可能會出於情感原因而追尋英雄角色的扮演——這對團隊而言是不利的。無論是團隊依賴救援者，或是救援者追尋英雄角色，此種動力都會扼殺團隊的協同合作與共有的主導權。

- 當某位正式或非正式的領導者不斷擔負責任時（除了團隊外的系統問題），此人就會讓團隊成為無助的受害者。協同合作所得到的改善可以強化團隊力量；剝奪此責任則會削弱他們的能力。

- 當團隊總是將解決問題的責任分配給團隊中的某個小組時，會讓人產生該小組是所有問題根源的感覺。找代罪羔羊的做法會破壞團隊，一定要分擔責任，並輪流變更領導者。

10.3 支持更大的改變

迭代回顧會議通常會產生很多小改變——團隊可以在下一個迭代或在幾個迭代中逐步完成這些改變。大型的回顧會議可能產生更廣泛、需要更多時間去實施的改變。這些更廣泛的改變需要更多的支持，並且需要更加留意人們會如何應對改變。

即使人們已經選擇並規劃要進行的改變，但當他們放下舊的做法並開始新的做法時，仍需經歷可預期的轉換（The Satir Model: Family Therapy and Beyond [Sat91], Managing Transitions: Making the Most of Change [Bri03]）。當改變被視為小變化時，人們不需要外界支持也可以自行調適。當人們面對較大的改變時，就需要較長的轉換時間，而且不同的人，轉換速率也不同。了解改變的四個階段可以協助你支持團隊。

改變的四個轉換階段

這四個階段如下所示：

失去階段　開始新的做法之前總要先放下舊有做法。人們會有各種失去的體驗——失去能力、領土、關係，以及確定性。新做法帶來的興奮感受，可能會使團隊快速地度過此階段；但也可能需要花更長的時間去適應改變。無論如何，直到他們徹底放下之前，他們不能，也無法繼續前進。

混亂階段　放下舊有做法並不代表我們能完全了解新做法。人們在改變過程中會感到困惑，並努力重新定位自己。他們會探索新做法將造成的改變，以及這些新做法對他們有何意義。在困惑與混亂中可能會激發創新與創造力。由於規則尚未制定，所以人們可能會先發展出新的手法。

轉換想法階段　人們終究會了解或體會這種新的做法對他們來說有什麼效用。實驗與探索使他們產生全新的理解。外部的影響也可能帶來新觀點，團隊成員也會開始嘗試新的行為模式與想法。

實踐與整合階段　光有想法是不夠的。人們需要透過實踐來學習新的技能或適應新的框架。剛開始時，績效可能會下降，但會伴隨著實踐而有所改善。

當人們經歷改變的四個階段時，你可以從以下三個面向協助他們：

人們重視什麼　找出團隊成員在舊方法中重視的是什麼。尋找推進價值的方法，並同時拋棄無效的方法。當你認可舊方法的價值時，你同時也會發現人們並不愚蠢，也沒有做錯。人們曾經認為那是個好主意，而且當時確實是如此。當人們相信改變並不是指他們過去是愚蠢的，他們就更容易往前邁進。

舉例來說，在發布回顧會議期間，Lakshmi 與她的團隊意識到他們需要將團隊規模增加 50%，才能滿足產品需求。他們對自己的產品能如此成功而感到興奮，但他們似乎也感覺到失去了這個小型且有凝聚力的團隊。當他們引進新人時，團隊領導者先努力闡明團隊的價值觀與他們想要保持的做法。當原始團隊成長至更大的團隊時，他們會優先考量什麼是最重要且必須持續下去的事情。

臨時性框架　臨時性框架協助人們在舊方法與新方法之間的混亂階段中確定方向。臨時性框架可以是計畫、角色、會議以及方法——任何可以連接目前狀態與目標狀態的機制。

以下是關於某個團隊如何建立臨時性框架的範例：Franz 與他的團隊從事高科技醫療設備工作。結束了漫長且痛苦的專案之後，在回顧會議上，團隊決定採用極限程式設計，並改以迭代式增量開發方法管理風險。他們聘請了一位教練，並參加了沉浸式培訓。另一方面，業務部門對於他們扔掉需求文件，並改為依賴那些寫在索引卡上的故事這件事抱持懷疑的態度——這是有原因的，因為他們是被組織嚴格監管的。

團隊並沒有放棄極限程式設計，也沒有因為不能試著寫使用者故事就對業務部門感到不滿，而是設計了一個臨時性的框架來應對此事。他們欣然接受業務部門的需求文件，然後一次一個迭代地將需求轉化成故事。在每個迭代結束時，他們向業務部門展示他們所撰寫的軟體，並解釋這些故事與需求的關聯性。經過幾個迭代之後，業務人員發現了把需求寫成故事的價值，並為了達到監管目的，設計出一種追蹤故事的方法。

這種臨時性框架（在此案例中是將需求轉化成故事），使團隊能夠朝著期望的目標邁進。

資訊與謠言的管控　　當事情發生變化時，團隊渴望知道此變化會如何影響他們。當缺乏資訊時，他們會用自己最害怕的東西來填補這個空白。即使是小團隊，也會開始產生謠言。

建立一個在改變過程中，可用來管控謠言的常態性機制。提供新資訊、減緩恐懼、揭開謠言，並提供事實。

某團隊建立了一個**謠言管控佈告欄**。每當團隊成員聽到謠言時，就把它寫在一張卡片上，並貼於佈告欄。每個人都可以瀏覽最新的謠言，並負責追查事實。一旦事實被釐清之後，也會張貼在佈告欄上，這使謠言得以受到管控。

此外，由於**謠言管控佈告欄**所透露出的訊息是，大部分人們所聽到的內容都不是真的。大家也就不再對最新的八卦反應過度，並且會在傳遞任何消息之前先查核事實。

回顧會議可以成為改變的強大催化劑。一項重大的改變可能始於某個回顧會議。增量式的改善也很重要。慶祝一下吧，這已經比許多團隊所能達成的還要多了。

Appendix ≫ A

引導工具

運用合適的工具可以讓帶領回顧會議變得更為輕鬆有趣。以下是一些關於工具運用的建議。

如果你每年都會引導數次的回顧會議——又或是你的團隊在每個迭代之後都會進行回顧會議，你就可以準備一個隨身攜帶的工具包，這樣你就不需要一直思考與湊齊你需要的所有物件。

進行迭代回顧會議時，請帶上便利貼、麥克筆、遮蔽膠帶及圓點貼紙。把這些工具放在一個備用的盒子或手提袋裡，這樣就準備好了。

以下是我們針對進行長時間的回顧會議所準備的一些工具：

- 遮蔽膠帶——這種膠帶可以貼在牆上一週或更長的時間，而且不會撕掉油漆。
- 各種深色的水性麥克筆。
- 便利貼——小、中、大。
- 索引卡，3×5 與更大的尺寸。
- 口紅膠。
- 便利貼修正帶。
- 剪刀。
- 摺疊刀。
- 鈴、鐘或鑼。
- 彩色圓點貼紙。
- 計時器。
- 計算機。

將它們全部裝在一個塑膠箱、附有輪子的行李箱或硬紙盒裡。無論你選擇哪種，都必須易於存放、尋找及攜帶到回顧會議中。

使用卡片、便利貼、麥克筆及圓點貼紙可以協助人們看見想法、將想法分類，並針對優先等級進行投票。剪刀或摺疊刀可以裁剪紙張與打開箱子。膠帶可以把東西黏貼在牆上。當你在活頁掛紙上寫錯內容時，膠水與修正帶就能派上用場。使用計時器來掌控時間。如果你與一大群人一同進行會議，敲鐘比大吼大叫更能吸引他們的注意。在盒子中準備一個計算機——當你需要進行一些計算時，把它交給與會者。

當然你會發現還有其他實用的東西，不過有了以上工具就是好的開始了。

工具的來源　　當地的辦公用品商店都有販售許多前面提到的東西。如果想要提升質感，可以造訪以下網站：

http://www.artsuppliesonline.com ——只買你最常用顏色的麥克筆，不需要連同你不想要的顏色整包一起購買。

http://www.neuland.biz ——可再填充的麥克筆，以及其他具有歐洲風格的高級引導工具。

http://www.vis-it.com ——有各種特殊形狀與尺寸的便利貼。

關於麥克筆的建議　　帶上你自己的麥克筆。不要指望你在會議室或會議中心找到的東西。這些筆很有可能是白板筆，或者更糟的是——已經乾掉、不能用的筆。

白板筆與永久性麥克筆是有毒的，會讓你和你的團隊成員感到頭痛。有些人對於這些麥克筆中的化學物質過敏，並因此致病。

使用深色的麥克筆——黑色、深藍色、深綠色、紫色，以及棕色。使用顏色較淺的麥克筆標記可能很有趣，但是從幾英尺以外的地方是不可能看得到黃色的。紅色雖然看起來顏色很深，但是難以從遠處閱讀。水性麥克筆是無毒的，而且（大部分）可清洗。

尋找平頭寬版的麥克筆，而不是尖頭的。尖頭麥克筆畫出來的線太細，從室內的另一頭會看不清楚。

捕捉記錄　使用數位相機拍下重要的活頁掛紙。如果團隊成員願意，也可以拍下他們進行活動時的照片。視覺化的回顧會議會比一份文字報告來得更有意義。

雖然這些工具與建議很重要，但你自己才是最重要的工具。沒有任何工具比你的能力更重要，你可以提供流程、管理想法的流通，並引導團隊發掘他們的智慧。

Appendix B

為各項活動進行小結

在第 3 章〈帶領回顧會議〉第 43 頁中描述的四步驟小結法，幾乎適用於所有的情況。但如同活動會使人疲乏一樣，小結也會。過了一段時間之後，你的團隊就會找出問題的順序。他們甚至會抱怨。因此，這裡再提供另外四種小結活動的方式。

單一問題小結法（one-question debrief）　只需詢問：「關於這個活動，你想說的第一件事情是什麼？」

日誌小結法（journal debrief）　如果你的團隊成員有撰寫日誌的習慣（這對於任何想成為更好的領導者或團隊成員的人來說，都是一個好主意），你可以先提出兩三個問題，並給成員 7 至 10 分鐘，讓他們在自己的日誌中回答這些問題。當時間到了，你就可以詢問是否有人願意與團隊分享自己的見解。根據不同的主題，成員或許會（或許不會）願意與他人分享他們所寫的內容。

當目標是個人反思時，也可以用下列問題進行小結：

- 「外部人員會如何評價你對此情況的貢獻？」
- 「就你個人而言，你可以做哪一件事來改善此情況？」
- 「在我們的下一個迭代中，你將做哪一件不同的事？」
- 「在下一個迭代中，你能承諾做出哪一項改變？」

成對問題小結法（question pairs）　選擇一組成對的問題來鼓勵團隊成員針對活動進行討論。成對的問題可以是：

- 活動期間發生了哪些有趣的事？你從自己或隊友身上學到什麼？
- 如同在團隊中（或迭代期間）發生的其他事情一樣，你在此活動的體驗如何？展現了哪些團隊優勢？

- 經過這次活動，你的想法有什麼改變？如果你可以重來，而且只能改變一件事，那會是什麼？

假設小結法（what if） 鼓勵團隊以新的方式思考。詢問「如果⋯⋯？」的假設性問題。

- 如果時間軸的順序是從現在回推到過去，而不是從過去發展到現在，會怎麼樣？
- 如果你有兩倍的時間進行腦力激盪，會怎麼樣？
- 如果小組中有不同的人參與，會怎麼樣？
- 如果我們現在重新進行一次此活動，會怎麼樣？

Appendix » C

會議活動參考表格

想知道何時該使用哪些活動嗎？這裡提供一個可以讓你快速參照的表格。下方表格是依照回顧會議的階段與類型，列出了本書描述過的所有活動，以及這些活動可以在哪些地方發揮效用。

各項活動

階段	活動	迭代	發布	專案結束
開場	ESVP	✓	✓	✓
	報到	✓		
	聚焦／不聚焦			
	工作協議	✓	✓	✓
蒐集資料	三個五分錢	✓	✓	✓
	時間軸與變化方式	✓	✓	✓
	顏色標記點	✓	✓	✓
	定位專案優勢	✓	✓	✓
	辨識主題	✓	✓	✓
	憤怒、悲傷、高興	✓	✓	✓
產生洞見	模式和轉換	✓	✓	✓
	魚骨圖	✓	✓	✓
	五問法	✓		
	綜合報告	✓	✓	✓
	腦力激盪／篩選	✓	✓	✓
	力場分析		✓	✓
	以點數排序優先等級	✓	✓	✓
決定行動事項	回顧會議規劃遊戲		✓	✓
	金像獎		✓	✓
	三個五分錢	✓	✓	✓
	SMART 目標	✓	✓	✓
結束回顧會議	Plus ／ Delta	✓		
	感謝	✓	✓	✓
	溫度讀取	✓	✓	✓

▲ **圖 27　適用於回顧會議的各項活動**

Appendix D

學習引導技能的各項資源

以下是提供引導培訓的三個組織：

- Technology of Participation，團隊引導方法課程
  http://www.ica-usa.org/top/courses/crsgfm.html
- Community at Work，團隊引導技能
  http://www.communityatwork.com/groupfac.html
- Grove Consultants International，引導與視覺化圖像記錄工作坊
  http://www.grove.com

以下推薦三本關於培訓、實踐與觀察的優質著作：

- The Facilitator's Guide to Participatory Decision-Making by Kaner, Lind, Toldi, Fisk, and Berger (New Society Publishers, 1996)
- The Skilled Facilitator (revised edition) by Roger Schwartz (Jossey-Bass, 2002)
- The Art of Focused Conversation: 100 Ways to Access Group Wisdom in the Workplace edited by R. Brian Stanfield (New Society Publishers, 2000)

Appendix ▶ E

參考書目

[Bri03] William Bridges. Managing Transitions: Making the Most of Change. Da Capo Press, Cambridge, MA, 2003.

[Dav05] Rachel Davies. Improvising Space for a Timeline. Email. personal, 2005.

[Der02] Esther Derby. Climbing the learning curve: Practice with feedback. Insights. [Fall], 2002.

[Der03] Esther Derby. How to Improve Meetings When You're Not in Charge. http://www.stickyminds.com. online, 2003.

[Der03a] Esther Derby. The Roti Method for Gauging Meeting Effectiveness. http://www.stickyminds.com. online, 2003.

[Der05] Esther Derby. Helping Your Team Weather the Storm. http://www.stickyminds.com. online, 2005.

[Hin05] Siegi Hinger. Re: Improvising Space for a Timeline. Email. personal, 2005.

[Kel87] J. M. Keller. Strategies for Stimulating the Motivation to Learn. Performance and Instruction. 26[8]:1–7, 1987.

[Ker01] Norman L. Kerth. Project Retrospectives: A Handbook for Team Reviews. Dorset House, New York, NY, USA, 2001.

[Mac03] Tim MacKinnon. XP—Call in the Social Workers. http://www.macta.f2s.com/Thoughts/Papers/XP%20Call%20In%20the%20social. online, 2003.

[Sat91] Virginia Satir. The Satir Model: Family Therapy and Beyond. Science and Behavior Books, Palo Alto, CA, 1991.

[Sch90] Johanna Schwab. A Resource Handbook for Satir Concepts. Science and Behavior Books, Palo Alto, CA, 1990.

[Sch94] Roger Schwarz. The Skilled Facilitator. Jossey-Bass Publishers, San Francisco, CA, 1994.

[Sta97] R. Brian Standield. The Art of Focused Conversation: 100 Ways to Access Group Wisdom in the Workplace. The Canadian Institute of Cultural Affairs, Toronto, Canada, 1997.

[WM01] Jane Magruder Watkins and Bernard J. Mohr. Appreciative Inquiry: Change at the Speed of Imagination. Jossey-Bass Publishers, San Francisco, CA, 2001.

Index

索引

符號

A

B

C

D

E

F

G

H

I

K

L

M

O

P

R

S

T

V

W

博碩文化